CHARCUTERIE
ANCIENNE ET MODERNE.

TRAITÉ HISTORIQUE ET PRATIQUE

RENFERMANT

TOUS LES PRÉCEPTES QUI SE RATTACHENT A LA CHARCUTERIE PROPREMENT DITE
ET A LA CHARCUTERIE-CUISINE

SUIVI

Des Lois, Ordonnances, Règlements et Statuts concernant cette profession

AVEC GRAVURES ET DESSINS

Par L.-F. DRONNE, charcutier

Membre correspondant de la Société d'Agriculture de Louhans.

A L'HOMME DE LA ROCHE DE LYON

PARIS

EUGÈNE LACROIX, LIBRAIRE-ÉDITEUR
54, RUE DES SAINTS-PÈRES
ET AU BUREAU DU SYNDICAT DU COMMERCE DE LA CHARCUTERIE,
78, RUE MONTMARTRE.

1869

Tous droits réservés.

TRAITÉ HISTORIQUE ET PRATIQUE

DE

LA CHARCUTERIE

ANCIENNE ET MODERNE

NOMS ET TITRES DES OUVRAGES
CONSULTÉS PAR L'AUTEUR.

Pline. *Histoire naturelle.*
Varron. *Des Mœurs des Romains.*
Caton d'Utique. *Histoire des Gaules.*
Vitruve. *Histoire naturelle,*
Sulpice-Sévère. *Des Gaules.*
Gallien. *Observations sur les mœurs des Romains.*
Le Ménagier de Paris.
Anciennes ordonnances des rois de France.
De Lamare. *Traité de la police.*
Encyclopédie philosophique, etc.
Largilière. *Des Maîtrises et des Jurandes.*
Encyclopédie méthodique.
Mercier. *Tableau de Paris.*
Sauval. *Histoire et Recherches des antiquités de Paris.*
Dictionnaire historique de la Ville de Paris.
Dulaure. *Histoire de Paris.*
Boileau, prévôt des marchands. *Des Métiers dans Paris.*
Le Moyen-âge et la Renaissance.
Encyclopédie des gens du monde.
Annales de l'agriculture française.
Garnaud. *De l'Élevage des animaux domestiques.*
Savary. *Dictionnaire universel du commerce.*
Histoire des Français.
Documents administratifs de la Ville de Paris.
Bizet. *Considérations sur la Boucherie et la charcuterie à Paris.*
Ordonnances et arrêts du Préfet de la Seine.
Documents de l'histoire de France, recueillis par ordre de Napoléon III.
Enquête de 1860 de la Chambre de Commerce de Paris.
Husson. *De la Consommation à Paris.*

LOUIS-FRANÇOIS DRONNE.

CHARCUTERIE

ANCIENNE ET MODERNE.

TRAITÉ HISTORIQUE ET PRATIQUE

RENFERMANT

TOUS LES PRÉCEPTES QUI SE RATTACHENT A LA CHARCUTERIE PROPREMENT DITE
ET A LA CHARCUTERIE-CUISINE

SUIVI

Des Lois, Ordonnances, Règlements et Statuts concernant cette profession

AVEC GRAVURES ET DESSINS

Par L.-F. DRONNE, charcutier,

Membre correspondant de la Société d'Agriculture de Louhans.

A L'HOMME DE LA ROCHE DE LYON

PARIS

EUGÈNE LACROIX, LIBRAIRE-ÉDITEUR
54, RUE DES SAINTS-PÈRES
ET AU BUREAU DU SYNDICAT DU COMMERCE DE LA CHARCUTERIE,
78, RUE MONTMARTRE.
1869

Tous droits réservés

BIOGRAPHIE

DE

L'AUTEUR DE CE TRAITÉ

Rédigée par l'ÉDITEUR.

DRONNE (LOUIS-FRANÇOIS), auteur de cet ouvrage, est né le 8 juin 1825, dans le hameau de Maison-Neuve, commune de Laigné-en-Belin, département de la Sarthe. Son père était fermier et tonnelier à la fois ; il cumulait cette dernière profession avec celle de tueur de porcs. C'est peut-être à ce dernier état, qui n'est pas sans avoir une certaine importance domestique dans nos campagnes de l'ouest de la France, que le jeune DRONNE fut redevable de l'idée qui le porta à embrasser la profession de charcutier, dont il a su agrandir le domaine tout en l'élevant au degré de l'art culinaire.

Il est incontestable que la *fête de la tuerie du porc*, que chaque famille célébrait alors dans les villages de la Sarthe, était propre à laisser dans l'esprit d'un enfant vif et intelligent, des impressions qui devaient réagir sur son avenir. On sait combien sont bornées les jouissances des habitants de nos campagnes et dans quelle large mesure ils savent en profiter, dans les rares occasions qui s'offrent à eux de pouvoir en user. La confection des rilles ou rillettes du Mans, avec les restes de la salaison, qui suit la tuerie du porc, est non-seulement la préoccupation des familles rurales, mais encore un motif de réunion ou de festival des familles entre elles.

Élevé dans ce milieu champêtre, où dominaient des mœurs simples et patriarcales, le jeune DRONNE fut envoyé à l'école, à peine âgé de huit ans. L'instruction, fort arriérée dans les départements, commençait alors à se répandre et à se régulariser, à la suite du progrès imprimé à l'esprit public par la révolution de 1830. La commune de Laigné-Anblin avait pour institutrice la demoiselle Moiné, qui lui enseigna les premiers éléments de la lecture; un instituteur, qui lui succéda deux ans après, compléta une instruction primaire, qui devait être fort bornée, puisqu'elle ne se continua que jusqu'à l'âge de douze ans.

Mais, dans cet intervalle, l'intelligence de l'enfant suppléa à l'insuffisance de ses maîtres. Il s'instruisit en quelque sorte lui-même, au sein de la famille, par des lectures qu'il faisait en commun dans le foyer domestique.

Cependant le fermier du hameau de Maison-Neuve, qui ne voulait pas faire de son fils un savant, le jugea assez instruit pour lui faire apprendre un état, et l'envoya, à l'âge de douze ans, en qualité d'apprenti charcutier, à la ville du Mans. Il est à remarquer, à la louange de son père, que ce fut sur sa demande à lui, que le jeune DRONNE embrassa la profession de charcutier.

Cette première période de la vie de l'auteur du *Traité de la charcuterie ancienne et moderne* est, comme on voit, très-simple et très-modeste dans ses commencements. Elle se borne aux sentiments intimes de la famille, du milieu desquels se dégagent les impressions vives et précoces de l'enfant, qui, par leur nature même, échappent à toute analyse. Ce n'est que par la suite, et à mesure que l'âge raffermit la raison et l'intelligence, qu'il est possible de se rendre un compte exact des efforts faits pour se créer un avenir et une place dans la société.

Ce fut dans la maison Baroche, successeur de Borrel, dans la ville du Mans, que le jeune DRONNE fit ses premières armes dans la profession qu'il avait voulu embrasser. A cette époque, c'est-à-dire en 1837, l'art du charcutier était fort arriéré dans nos provinces. Si quelque innovation venait à s'y produire, ce n'était que grâces à l'initiative ou à l'entreprise audacieuse de quelque grand maître venant de la capitale. C'est ce qui arriva dans la ville du Mans. Borel, dont le nom a une certaine célébrité dans sa profession, vint s'établir dans le chef-lieu de la Sarthe, y fonda une maison importante qu'il céda à Baroche.

C'est ainsi que le jeune DRONNE eut l'avantage d'avoir pour patrons et maîtres deux hommes qui ont laissé une réputation justement méritée dans le commerce de la charcuterie. Mais si la renommée du maître exerce une certaine influence sur l'esprit de l'apprenti et contribue à lui faire faire des progrès dans la carrière qu'il a embrassée, il importe aussi de reconnaître que l'aptitude qu'il montra lui-même ne l'aida pas moins à devenir un excellent ouvrier. Ce fut à l'aide de ces deux moyens qu'il termina un apprentissage qui lui laissa d'agréables souvenirs, dans lesquels se mêlèrent avec les sentiments de la reconnaissance qu'il devait à ses premiers maîtres un attachement sincère pour la ville où il avait appris les premiers préceptes de son art.

Il quitta, toutefois, non sans regret, la ville du Mans en 1842, pour venir à Paris se perfectionner. On sait que tous les états sont soumis à plus ou moins d'exigences qui les rendent d'un accès non moins difficile pour ceux qui veulent les exercer d'une manière complète. Celui de charcutier est de ce nombre. Habileté, soins continuels, propreté, intelligence prompte, activité, il exige tout cela de celui qui veut l'exercer dans toute la plénitude des ressources qu'il renferme. C'est ainsi qu'il pratiqua pendant trois années son état dans différentes maisons de la capitale.

Ces trois ans révolus, le jeune Dronne fut appelé, dans son pays, à tirer au sort, lequel ne lui fut pas favorable ; car il fut compris dans le nombre des conscrits tombés au sort ; c'était en 1845. Nous ajouterons que, pour ne pas renoncer à sa profession, il se fit remplacer.

Délivré des exigences du service militaire, Louis Dronne resta dans Paris, après avoir séjourné quelque temps dans son pays natal, et entra, en 1846, dans la maison Breton, qui lui appartient aujourd'hui, et dans laquelle il travailla en qualité d'ouvrier. Qu'il nous suffise de dire qu'en 1850, le 20 mars, il s'établit lui-même dans une maison de charcuterie qu'il acheta dans le faubourg Montmartre.

Cependant, en 1855, Louis Dronne se détermina à vendre cet établissement. Il se retira pendant deux ans des affaires, afin d'étudier la question des porcs du Morvan, dans le but d'en tirer un parti nouveau pour la confection des saucissons de Lyon. Cette étude en amena d'autres touchant l'art du charcutier, et c'est ainsi que joignant la pratique à la théorie, il voulut atteindre ce degré de perfection que tient à acquérir tout travailleur amoureux de sa profession.

Nous ferons observer que ce ne fut qu'en 1857 qu'il acheta la maison Breton, et prit possession le 1ᵉʳ juillet de l'année 1858. C'est dans cette maison (1) que l'auteur de ce traité a voulu écrire ce livre. Il suffira de le parcourir pour y

---

(1) Portant l'enseigne de l'*Homme de la Roche de Lyon*, qui fut créée, en 1777, par M. Cailloux père, qui eut pour successeurs : Cailloux fils, en 1801 ; Etienne, en 1823 ; Breton, en 1844. On peut voir, au sujet de cette enseigne, ce que nous en disons dans le cours de cet ouvrage.

retrouver dans tous les détails de leurs recettes et de leurs confections tous les préceptes qu'il y a professés. Le *Traité de la charcuterie ancienne et moderne* est le résumé de la science perfectionnée appliquée à l'art du charcutier. Dans ce travail, consciencieusement écrit, on retrouvera toute la vie de l'auteur, on y reconnaîtra tout son génie d'initiative ; c'est la plus belle page de sa biographie, puisqu'il n'a pas hésité à livrer au public le fruit de ses veilles, de ses travaux et de son expérience. C'est assez souvent le contraire qui se produit. Il n'a pas voulu, notre historien de *l'art du charcutier*, que les préceptes dont il s'est fait l'interprète restassent ignorés du public.

E. LACROIX.

PRÉFACE.

J'ai hésité longtemps avant d'écrire l'ouvrage que je publie en ce moment. Je ne me suis déterminé à le faire que lorsque le jury de l'Exposition universelle de Paris de l'année 1867, et plusieurs autres jurys, ont reconnu mes produits dignes de récompenses (1). C'est alors que, recueillant tous les documents qui se rattachent à notre profession, et les ajoutant aux faits qu'une pratique de trente ans m'a porté à reconnaître comme importants, au point de vue du travail de la charcuterie, je me suis décidé enfin à rédiger ce livre.

Que le lecteur me permette, à ce sujet, de lui faire

---

(1) Les Expositions universelles où mes produits ont été récompensés, sont :

A Paris, Exposition universelle de 1867, médailles d'argent et de bronze. — A Amiens, Exposition agricole et industrielle de 1867, médaille d'argent. — A Louhans, Exposition de 1867, médaille d'argent. — Au Havre, Exposition internationale et maritime de 1868, médaille d'argent. — A Louhans, Exposition du concours, 1869, médaille d'argent. — A Beauvais, Exposition industrielle de 1869, médaille de vermeil. — A Altona, Exposition universelle de 1869, médaille d'or.

part de quelques-unes de mes observations; elles serviront à lui expliquer les motifs de ma détermination.

L'*art du charcutier* est très-ancien; on pourrait même dire qu'il se perd dans la nuit des temps. Ainsi que l'art culinaire, il traite de la subsistance de l'homme et de son bien-être matériel; et, à ce titre, il m'a paru digne de fixer l'attention non-seulement des gens de notre métier, mais encore de ceux qui s'occupent d'améliorer l'économie domestique. Sous ce rapport, on verra que les anciens peuples ne dédaignaient pas cette partie de l'alimentation publique dont le porc est la base.

Aussi, pour être le plus complet possible dans cette étude, l'ai-je divisée en deux parties, comprises sous les dénominations de *charcuterie ancienne* et *charcuterie moderne*.

Dans la première partie, j'ai dû rechercher tout ce qui se rattache à l'usage que les anciens faisaient de la chair du porc; dans quelle proportion elle entrait dans leur approvisionnement et comment ils savaient justement l'apprécier, même dans les plus hautes classes de la société. En suivant successivement l'ordre des faits, j'ai constaté ce qu'avait été la charcuterie pendant le moyen âge, quels furent les règlements qui la concernaient et quelle époque il faut assigner à l'origine de notre corporation. Sous ce rapport, je crois n'avoir négligé aucuns détails pouvant intéresser non-seulement les gens de notre métier, mais encore tous ceux qui s'occupent de recherches historiques. A cet effet, j'ai mis à contribution tous les auteurs qui se sont occupés, de près ou de loin, de la charcuterie sous ses divers développements, soit théoriques, soit pratiques, soit même relatifs à sa réglementation.

Dans la seconde partie, qui a rapport à la *charcuterie moderne*, j'ai cru ne devoir rien négliger de tout ce qui se rattache à mon sujet. Ainsi l'élevage du porc, les différentes races dont il se compose, la manière de le tuer, de le dépecer et d'utiliser ses diverses parties pour servir à l'alimentation, toutes ces diverses questions ont été traitées avec le soin le plus scrupuleux, en ne sortant jamais du cercle tracé par la pratique la plus simple et la plus rationnelle.

Là ne s'est pas borné mon récit; j'ai cru devoir le faire suivre de détails particuliers sur la *charcuterie proprement dite*, sur la *charcuterie-cuisine*, sur la *pâtisserie* et la confection des pâtés et des terrines, dans leurs rapports avec l'art du charcutier. Pour remplir ce vaste cadre de la *charcuterie moderne*, je me suis déterminé à décrire tous les articles qui la concernent, en indiquant ce que la pratique et l'expérience m'ont appris. De sorte que j'ai ajouté aux préceptes de l'art, les faits que j'ai constaté moi-même pendant un long exercice de ma profession.

Dans tous les cas, je n'ai rien négligé pour plaire, intéresser et instruire tout lecteur, même celui qui relève de notre métier. Il importe de remarquer, à ce sujet, que mon intention a été de composer un livre nouveau sur un art fort peu connu dans ses diverses phases historiques, et dont les ressources alimentaires ont été jugées, à tort, comme très-bornées.

Je serais heureux de lui restituer le rang qu'il mérite d'occuper parmi tous les autres arts qui traitent de la nourriture de l'homme.

Toutefois, quel que soit le jugement que l'on portera sur le mérite de ce livre, il en est un qu'on ne pourra contester à son auteur, c'est qu'il l'a composé au point de vue du progrès, dont il s'est toujours montré, dans l'exercice de sa profession, le sérieux et l'ardent propagateur.

L.-F. DRONNE.

Paris, le 2 novembre 1869.

TRAITÉ

DE LA

CHARCUTERIE ANCIENNE ET MODERNE.

PREMIÈRE PARTIE.

CHARCUTERIE ANCIENNE.

CHAPITRE PREMIER.

De l'art du charcutier chez les anciens peuples. — Comment il se transmit chez les Gaulois. — Adopté par les Francs, il fait partie de l'alimentation publique. — Premiers règlements de police qui concernent la profession de charcutier ou *chaircuitier*, en France.

L'art du charcutier remonte à une très-haute antiquité. A Rome, on s'occupait d'une façon toute particulière du soin d'élever et d'engraisser les porcs. On décréta même sous le nom de *porcella* une loi qui indiquait la manière dont on devait les élever, les nourrir, les tuer et les préparer pour servir à la nourriture du peuple et des grands seigneurs. Cette même loi réglait l'exercice de la profession de charcutier dans les moindres détails. Aussi Pline estime-t-il que le nombre des porcs que l'Etrurie seule expédiait annuellement à Rome, était de *vingt mille*, chiffre qui ne doit pas nous paraître exagéré, alors que nous voyons Paris, capitale de la France, en consommer, chaque année, environ *trois cents mille* (1).

Aussi, sous les Empereurs romains, la préparation de la viande de porc était-elle portée à un degré extraordinaire de raffinement. Les riches appartenant à la haute aristocratie avaient deux manières de la préparer. La première consistait à servir l'animal tout entier et cuit de telle façon, qu'un côté en était bouilli et l'autre rôti, sans que ces deux genres de cuisson se confondissent ensemble. Il est à regretter que le procédé qu'on employait ne nous ait pas été transmis. Nous savons seulement que la cuisson de l'animal s'effectuait en même temps, au moyen d'un appareil que Vitruve appelle *très-ingénieux*.

La seconde manière était dite à la *troyenne* et avait lieu de la façon suivante : Le cochon, vidé et cuit délicatement, était rempli de grives, de becs-figues, d'huîtres et d'une grande quantité d'oiseaux et de poissons rares et précieux, arrosés de vins et de jus exquis. Cette préparation était si onéreuse, qu'elle ruina plusieurs chefs de grandes familles, et devint le motif d'une loi somptuaire.

Quant au peuple de Rome, il préparait la viande de porc de diverses manières et la conservait en la hachant et en la réduisant en chair à pâté mélangée avec du sel, des épices et des aromates. La *mortadelle* qui se fabrique encore à Gênes et dans quelques villes d'Italie, paraît être une tradition de l'ancienne manière dont le peuple de Rome préparait la viande de porc. Nous observerons, à ce sujet, que la charcuterie actuelle de l'Italie, celle qui est surtout la plus renommée, re-

---

(1) Un des plus célèbres médecins de l'antiquité, Gallien, dit « que le « porc est le plus excellent et le plus nourrissant aliment que l'on « connaisse ; sa chair est fortifiante, entretient le corps dans son éner- « gie, et ne saurait l'exposer à aucune maladie, etc. »

monte par son origine à l'époque de l'Empire romain. Elle est un reste de cette charcuterie.

On sait que dans les Gaules, le porc était la nourriture la plus générale et la plus estimée. Les forêts de chênes dont le sol était couvert fournissaient dans les glands une nourriture fort recherchée par ces animaux qui y trouvaient un engraissement rapide et peu coûteux. En parlant de ces forêts, Sulpice-Sévère dit textuellement : « qu'elles fournissaient en « abondance des chênes propres à la construction des na- « vires et dont les fruits (*glanduli*) servaient à l'engraisse- « ment d'une grande quantité de porcs très-estimés et dont « il se faisait un commerce considérable. » La ville de Soissons paraît avoir été, dans les Gaules, le centre où l'élevage du cochon jouissait de la plus grande réputation. Nous trouvons, au reste, dans toutes les anciennes chartes, que la principale dot des églises, à l'origine de la monarchie française, consistait dans la dîme des cochons; et c'est ainsi que les plats destinés à en servir la chair, étaient désignés par un mot particulier (*baccon*), qui signifiait porc engraissé.

Nous lisons, en effet, dans un capitulaire de l'année 885, concernant l'église de Reims, la disposition suivante :

« Le chapitre de l'Église prélevera sur le territoire de
« Saint-Protais, la dîme d'un cochon de lait par six habitants
« et celle d'un cochon gras par dix habitants, lesquels ani-
« maux seront portés à l'économat du chapitre, tous les ans,
« à partir de la Toussaint jusqu'au premier jour du carême.
« Récipissé en sera donné nominativement aux habitants du
« territoire dixmaire. Lesquels cochons de lait et engraissés
« seront vendus au profit de l'Église pour en être le produit
« consacré à la construction de la Basilique. »

Lorsque les Francs, maîtres de la Gaule, à la suite de la conquête, s'y furent établis, ils adoptèrent en grande partie les mœurs et les habitudes des anciens habitants. L'usage de se nourrir de la viande de porc entra, un des premiers, dans leur genre d'alimentation. Il est même à croire, si l'on en juge par le goût des Allemands, leurs ancêtres, pour le lard qui est passé en proverbe, qu'ils avaient une prédilection très-marquée pour la viande de porc. Les documents anciens constatent, en effet, que le cochon servait, en même temps, de nourriture fondamentale et d'assaisonnement à toute autre nourriture. Le riche lui devait le moelleux, la variété, le luxe même de ses mets ; le pauvre, l'unique agrément de sa table ; il n'était pas une seule partie du porc dont ils ne tirassent profit. Aussi, un proverbe populaire qui est parvenu jusqu'à nous, disait du cochon : *que tout en est bon, depuis la tête jusqu'aux pieds.*

Pour justifier la vérité de ce proverbe qui trouve sa sanction dans l'usage généralement répandu que faisaient nos ancêtres de la viande de porc, dans leur alimentation, il nous suffira de remonter à l'époque la plus reculée de notre histoire où nous trouvons les premiers titres concernant la réglementation se rapportant à l'usage qu'on en faisait.

Disons d'abord que déjà vers le milieu du xvie siècle, on appelait *chaircutiers* ceux qui préparaient et vendaient de la *chair de porc*, soit crue, soit cuite, soit apprêtée en cervelas, saucisses, boudins ou autrement. Ils préparaient et vendaient également les langues de bœuf et de mouton. Là se bornaient leurs uniques préparations.

Nous ferons observer, à ce sujet, que le commerce proprement dit des *chaircutiers* est bien plus ancien que la communauté qui les concerne et que nous faisons remonter, d'après des documents authentiques, vers le milieu du xve siècle. Il est incontestable qu'avant cette époque, il y avait depuis longtemps, et en remontant même jusqu'au règne de Charlemagne, des *saulcissiers* et des *chaircuitiers* qui ne s'étaient pas réunis encore en communauté formant une corporation distincte. Ce fut précisément à leur sujet que furent proclamés les premières ordonnances et les premiers statuts que nous allons transcrire.

Toutefois et avant eux, les bouchers, comme nous le voyons dans les règlements de Boileau, prévôt des marchands, sous le règne de saint Louis, faisaient le commerce de la viande de porc ; et ce fut précisément au sujet de la méfiance que l'autorité conçut touchant l'exercice de leur état, relativement à cette qualité de viande, qu'eut lieu la création de trois sortes d'inspecteurs désignés sous le nom de : 1° *Langayeurs* ou visiteurs des porcs à la langue ; 2° *Tueurs* ou agents s'assurant par l'examen des parties internes des corps de ces animaux, s'ils étaient sains ou non ; 3° *Courtiers* ou *visiteurs des chairs*, dont les fonctions consistaient à chercher dans les chairs dépecées et coupées par morceaux, s'ils n'y remarquaient pas des signes de maladies qui ne se manifestent pas toujours soit à la langue, soit aux parties intérieures.

C'est ainsi que les bouchers jouissaient paisiblement de la faculté de vendre des viandes de toute espèce, notamment de porc, lorsque survinrent et l'ordonnance qui organisa la corporation des *charcutiers* et les règlements qui les concernaient : ordonnance et règlements que nous allons reproduire. Là, est l'origine de la charcuterie pendant le moyen-âge, laquelle se relie par la tradition à la charcuterie ancienne. Ce qui explique comment nous classons la charcuterie pendant le moyen-âge, dans l'époque ancienne. Nous verrons, d'ailleurs qu'elle se rattache plutôt à la période ancienne par son organisation et sa fabrication qu'à l'époque moderne dont elle diffère entièrement. Autrefois le travail du charcutier se bornait à une pratique simple et primitive ; aujourd'hui le travail du charcutier s'est élevé jusqu'au degré de l'art. On comprend donc toute la différence que nous devons mettre, dans l'ordre de notre récit, entre ces deux sortes de fabrication, au point de vue de leurs dates.

Il importe de constater que jusqu'au vᵉ siècle de l'ère chrétienne, la charcuterie était en grande réputation dans les Gaules, si bien qu'on y expédiait pour Rome et autres villes de l'empire, des quantités considérables de jambons, saucisses, cervelas, etc. Il fallait donc que la profession fût alors en très-grand renom.

Mais à partir du vᵉ siècle, nous voyons la charcuterie perdre son importance primitive ; le nom même de la profession disparaît et ce sont les bouchers qui s'en emparent et en continuent l'exercice. Il est curieux de suivre dans les anciens titres la marche de cette substitution d'un état à un autre. Les règlements de police et les statuts mêmes qui concernent la corporation des bouchers nous en offrent une preuve.

Il est dit d'abord que la corporation des bouchers est la plus ancienne de toutes et qu'elle se perd dans la nuit des temps ; — que ses membres ont été de tous les temps libres et indépendants de toute autorité ; — que leur communauté s'étant formée et constituée toute seule, n'avait pas besoin d'être approuvée ni confirmée. Quant à l'exercice de la boucherie il était héréditaire dans chaque famille de boucher et transmissible du père au fils, sans qu'aucune ordonnance royale pût empêcher cette transmission.

Relativement à l'exercice de leur profession, ils avaient le droit de tuer et débiter toute sorte de viande, tels que bœufs, veaux, moutons, *porcs*, chèvres, dans les lieux déterminés et qui étaient primitivement aux environs de la Tour Saint-Jacques ou plutôt de l'église de Saint-Jacques de la Boucherie, ainsi nommée à cause du voisinage des bouchers, et plus tard auprès du parvis de Notre-Dame. Or, il est incontestable, d'après tous les titres qui les concernent, que les bouchers achetaient les porcs et les vendaient au détail. C'est ainsi qu'ils s'emparèrent d'un monopole qui appartenait précédemment à une communauté particulière, celle des charcutiers. C'est, au reste, comme nous l'avons vu plus haut, à cause d'eux que l'on créa les *langayeurs* et *visiteurs* de porcs.

Mais si les bouchers avaient le privilége exclusif, à partir du vᵉ siècle jusqu'à une époque postérieure que nous déterminerons plus tard, de tuer et vendre le porc cru, ils n'avaient pas celui de le préparer ni de le vendre cuit. A qui appartenait ce dernier privilége ? Évidemment aux *oyers* (rôtisseurs ou vendeurs d'oies rôties) qui d'après le *livre des règlements des Arts-et-Métiers de la Ville de Paris*, recueillis par Boileau, prévôt des marchands en 1134, habitaient la *rue aux Oyes* dont on a fait plus tard, par corruption du mot, la *rue aux Ours*. Les *oyers* s'étaient donc emparés du droit anciennement dévolu à un corps d'état spécial que nous voyons disparaître vers le vᵉ siècle, de préparer et faire cuire le cochon, et qui n'était autre que le charcutier de l'époque.

Les statuts qui concernent les *oyers*, et que nous relevons dans le *livre des règlements des Métiers* de Boileau, ne nous laissent aucun doute à ce sujet ; si bien que nous croyons devoir considérer les *oyers* comme étant les charcutiers de la période qui se trouve placée entre le vᵉ et le xvᵉ siècles. Le commerce de la charcuterie n'a plus, il est vrai, cette haute importance qui faisait de ses produits, sous l'époque gauloise, sa grande réputation par les expéditions lointaines qu'elle effectuait; mais elle se borne à fournir à l'alimentation de Paris quelques produits déterminés d'avance par les règlements et que nous allons faire connaître dans le chapitre suivant.

Vers le xivᵉ siècle, des contestations nombreuses s'élevèrent entre les bouchers et les *oyers* ou rôtisseurs au sujet de leurs droits réciproques. Les premiers prétendaient que ces derniers devaient leur acheter le porc qu'ils vendaient et non ailleurs ; qu'ils n'avaient pas surtout le droit de l'acheter à des marchands forains, au préjudice de leurs étaux, et, en conséquence, dirigèrent des poursuites contre eux. Ces contestations fort nombreuses, pendant le moyen-âge, durèrent ainsi plusieurs siècles. Elles prirent une nouvelle transformation en 1350, par suite de l'intervention des pâtissiers dans l'exercice de la charcuterie. Ceux-ci prétendaient qu'ils avaient, aussi bien que les *oyers* ou rôtisseurs, le droit de préparer le porc, de le débiter et le vendre au détail. De là s'ensuivit de nouvelles réglementations qui semaient la guerre, au lieu de la conciliation, au sein des corporations.

Ainsi, les bouchers, les rôtisseurs et les pâtissiers s'étaient partagés à eux seuls le droit d'exercer l'ancienne charcuterie, mais ils n'avaient pas hérité de la science qu'avait montrée cette dernière d'en faire le commerce. Avec ces trois corps d'état, la charcuterie se bornait simplement à servir différentes parties du porc cuites et préparées seulement de quatre ou cinq manières différentes. Il fallait encore que ces préparations fussent bien stipulées par les règlements et conformes, en tous points, à leurs statuts respectifs.

Cette division dans un travail qui n'aurait dû concerner qu'une seule et unique corporation, et les nombreuses contestations qui en furent la suite, donnèrent lieu à la formation d'une communauté qui réunit les diverses attributions, en se fondant sous les noms de *charcutiers, saulcisseurs*. Cette formation eut lieu en 1475. Comment s'opéra cette création ? Un certain nombre de rôtisseurs et de pâtissiers, jugeant par le débit que la vente du porc devait et pouvait devenir considérable, surtout si cette viande était travaillée et préparée convenablement, se réunirent ensemble, rédigèrent des statuts, acquittèrent des droits en argent au roi, les firent approuver, et fondèrent la communauté ou corporation des charcutiers.

A dater de ce moment, la véritable tradition de l'ancienne charcuterie est retrouvée ; elle se relie à son passé, et après dix siècles environ d'interrègne elle reparaît pour continuer l'histoire et l'exercice de son art. C'est ainsi que la corporation des charcutiers, créée en 1475, se rattache à l'ancienne charcuterie ; et c'est, au reste, à ce point de vue que nous allons l'étudier dans les chapitres suivants.

Toutefois, avant d'aborder les détails qui la composent soit dans son organisation, soit dans sa fabrication, nous allons consacrer le chapitre suivant à faire connaître les principales dispositions des statuts qui concernent les bouchers, les *oyers* ou rôtisseurs et les pâtissiers qui s'étaient emparés du domaine de l'ancienne charcuterie et dont ils sont, à leur tour, expulsés par les véritables héritiers de l'art ancien. C'est donc après avoir mis sous les yeux de nos lecteurs tous les documents curieux et intéressants qui se rapportent à la profession de charcutier, pendant le moyen-âge, que nous aborderons la question de la corporation elle-même, à dater de sa nouvelle origine, en 1475, et que nous continuerons jusqu'à la révolution de 1789, époque où prend fin l'histoire de la charcuterie ancienne et où commence celle de la charcuterie moderne.

CHAPITRE II.

Règlements et Statuts concernant les *oyers* ou rôtisseurs. — Règlements et Statuts relatifs aux Pâtissiers. — De la Boucherie et de ses usages pendant le moyen âge. — Statistique de la viande de porc consommée à cette époque. — État de la charcuterie au moment où se forme la corporation, en 1475.

Nous avons vu comment les bouchers s'étaient approprié le droit de tuer et de vendre les porcs qui se consommaient dans Paris, après le Ve siècle. Voici, à ce sujet, une citation qui confirme le fait; elle est empruntée au *Traité de la police*, de Delamare : « Autrefois, dit-il, les seuls bouchers « vendaient toute la grosse chair crue, celle de porc aussi « bien que celles de tous les autres bestiaux qui composent « encore aujourd'hui leur commerce. » Quant au lard et aux jambons qui arrivaient à Paris, ils étaient, déjà avant le règne de Louis IX et sous le règne de ce prince, soumis à un droit d'entrée qu'on nommait, à cette époque, l'*obole du rivage de Saine*. Ce droit était formulé en ces termes : « chascun « *bascon* (1) entiers doit obole de rivage, et si son oint « (graisse) i est, ne doivent-ils qu'obole de rivage, portant « (pourvu) ques li bascon et li oins soient à une per- « sonne, etc. »

Relativement aux *oyers*, appelés cuisiniers ou rôtisseurs

---

(1) On appelait *buscon* ou *bacon*, dans l'ancien langage, le côté d'un porc salé et quelquefois le porc entier. Il désignait parfois le lard ou le jambon.

indistinctement, les règlements et statuts qui les concernent, remontant à une date fort ancienne, offrent un véritable intérêt historique et nous confirment dans notre opinion, qu'ils ont été les successeurs, concurremment avec les bouchers, de ces anciens charcutiers qui, selon Caton, apportaient des Gaules à Rome jusqu'à quatre mille flèches de lard; auquel envoi ils ajoutaient encore, d'après Varron, beaucoup de jambons, d'andouilles et de saucisses.

Voici, au reste, quelques-uns des articles que nous détachons des statuts des gens du *mestier des oyers de la ville de Paris* :

« Item, que nulz n'achate oès que en la place ou ès-champs
« qui sont entre le ponceau du Roulle du pont de Chaillouau
« (Chaillot) jusques aux faubourgs de Paris, au costé d'entre
« Saint-Honoré et le Louvre.....

« Item, que nulz ne cuise ou rotisse oués, ou vel, agniaux,
« chevraux, cochons, se ils ne sont bons, loyaux et souffi-
« sans pour manger et vendre, et aient bonne moüelle, sur
« la peine de l'amende de x solz.

« Item, que nulz ne puisse garder viande cuite jusqu'au
« tiers jour pour vendre ne acheter, se elle n'est salée souf-
« fisamment, sur les peines dessus dites.

« Item, que nulz ne puisse faire saucisses de nulle char
« que de porc, et que la char de porc de quelle elles sont
« faites soit seine, sous peine de la dite amende, et se elles
« sont autres trouvées, elles seront arse (brûlées).

« Item, que nulz ne cuise char de buef, de mouton ne
« de porc, se elle n'est bonne et loial et souffisante a bonne
« mouelle, sur la peine dessus dite.

« Item, que toutes chars qu'ils vendront, soient cuites,
« salées et appareillées bien souffisamment.....

« Item, que nulz du dit mestier ne puisse vendre boudins
« de sanc, à peine de la dite amende, car c'est périlleuse
« viande..... »

Nous observerons, à ce sujet, que la prohibition relative au boudin de sang se trouve déjà dans les décrets du Bas-Empire, que Delamare a rappelée dans son *Traité de la police*. Peut-être l'aversion pour ce comestible venait-elle de la crainte qu'on avait, dans le temps des Barbares, du mélange du sang de porc au sang humain.

Quoi qu'il en soit, cet article seul démontre l'ancienneté du métier des *oyers* et nous confirme dans l'opinion que nous avons émise, qu'ils étaient les successeurs des charcutiers gaulois nos ancêtres, qui fournissaient de la viande de porc non-seulement à Rome, mais encore à plusieurs provinces de l'Empire romain. Au reste, le commerce des porcs était si grand à Paris, dans les premiers temps de cette ville, que la place où se vendaient tous les bestiaux n'était connue que sous le nom de *Marché aux pourceaux*, parce que le nombre qui s'y trouvait devait excéder, sans doute, celui des bœufs et des moutons, que leur chair était plus estimée et d'un usage plus général.

C'est aussi dans cet ancien temps, où les approvisionnements considérables présentaient tant de difficultés, que l'on encouragea l'importation des porcs des marchands forains. On leur accorda même, à ces époques reculées, des faveurs de toute sorte, une protection spéciale et des franchises dont ils ne manquèrent pas, dans la suite, de se prévaloir, et qui donnèrent lieu à de nombreuses contestations, ainsi que nous l'indiquerons à leurs dates.

Les pâtissiers, à leur tour, ne manquèrent pas de faire concurrence aux *oyers* ou cuisiniers-rôtisseurs : « En ce temps
« ancien, dit Delamare, les pâtissiers, étaient également
« cabaretiers, rôtisseurs et cuisiniers. C'étaient eux qui en-
« treprenaient les noces et banquets. Les anciennes ordon-
« nances de police font défense à toutes personnes de les y
« troubler. Ce n'est pas qu'il n'y eût à Paris une commu-
« nauté de rôtisseurs aussi ancienne que celle des pâtissiers,

« mais il n'était permis à ceux de cette communauté que de
« faire rôtir seulement de la viande de boucherie et des oyes.
« C'est de là qu'ils furent nommés *oyers*. Tout le gibier,
« toute la volaille et l'autre commune viande, même le porc,
« étaient préparés et vendus par les pâtissiers. Cet usage est
« tiré de leurs statuts. »

Deux corporations puissantes, comme on voit, se partageaient le commerce de la charcuterie pendant le moyen âge et avant la constitution de la corporation des charcutiers, en 1475. Nous allons voir dans quelles proportions, en retraçant d'une manière rapide quelles étaient les mœurs publiques, pendant le moyen âge sous le rapport de l'alimentation.

Nous avons vu qu'entre tous les animaux domestiques, le porc était, à l'origine de la monarchie et dans les siècles suivants, considéré comme le plus utile à l'homme. Les évêques, les grands, les rois mêmes, entretenaient des troupeaux de cochons, tant pour la consommation de leur table que pour l'augmentation de leur revenu. Saint Remy, par testament, laisse *ses porcs à partager également entre ses deux héritiers.* Mappinius, archevêque de Reims au vi[e] siècle, écrivait à Villicus, évêque de Metz, pour s'informer du prix courant des cochons. Charlemagne, dans les *Capitulaires*, ordonne à ses régisseurs d'élever un grand nombre de porcs. Un état des revenus et dépenses de la maison de Philippe-Auguste, pour l'année 1200, fait mention d'une somme de 100 sous employée pour achat de cochons. On voit enfin, par un dénombrement de l'abbaye de Saint-Remy de Reims, que cette abbaye possédait *quatre cent quinze porcs.*

Cette prédilection pour la chair du porc fut telle, au moyen âge, qu'il n'y avait pas, pour ainsi dire, un bourgeois de Paris, qui n'engraissât chez lui deux ou trois cochons. Durant le jour, on les lâchait dans les rues, qu'ils étaient chargés de nettoyer. Philippe, fils de Louis le Gros, passant, le 2 octobre 1131, rue du Martroi, entre l'Hôtel de ville et l'église Saint-Gervais, fut renversé par un cochon qui s'était jeté entre les jambes de son cheval, et il se brisa la tête en tombant. Cet accident occasionna contre les porcs un règlement de police qui fut bientôt oublié. Ce ne fut que plus tard qu'on défendit de nourrir des porcs dans la ville.

Il y avait certains repas où l'on ne servait que du cochon apprêté de différentes manières. Ces repas étaient nommés *baconiques*, du vieux mot *bacon*, qui, comme on sait, signifie porc. Le chapitre de Notre-Dame banquetait ainsi solennellement aux fêtes de Noël, de l'Épiphanie et de quelques autres fêtes. On croit que ce fut là l'origine de l'ancienne foire aux jambons qui se tenait, le jeudi de la semaine sainte, au parvis de Notre-Dame. A la fin du XVIe siècle, on accourait de tous les points de la France, et surtout de la Normandie et de la basse Bretagne, à cette foire célèbre, qui s'est perpétuée jusqu'à nos jours. On assure qu'au XVIe siècle, le meilleur porc venait de Chalon-sur-Saône. Toutefois, au XIIIe siècle, le cochon d'Angleterre avait été en grande réputation ; c'était là une des denrées que rapportaient le plus volontiers les marchands français qui allaient négocier en ce pays.

A Noël et à la Saint-Martin, jours de réjouissance domestiques, depuis les commencements de la monarchie, les gens aisés tuaient un cochon, qu'ils salaient ensuite pour leur provision de l'année (1). Ceux qui n'étaient pas assez riches pour subvenir seuls à cette dépense, s'associaient plusieurs et la partageaient entre eux. On faisait alors, comme aujourd'hui, des boudins et des saucisses qu'on mangeait en famille.

L'auteur anonyme du *Ménagier de Paris* nous a laissé, sur

(1) Cet usage existe encore dans plusieurs de nos provinces, notamment dans la Bourgogne, le Dauphiné, la Franche-Comté, la Lorraine, etc.

les diverses boucheries de la capitale et sur la vente hebdomadaire de chacune d'elles, au xive siècle, la curieuse statistique suivante :

« *Boucheries de Paris et leur délivrance de char* (chair) :

« A la porte de Paris (espace aujourd'hui compris dans la
« place du Châtelet), dix-neuf bouchers vendent pour sep-
« maine, eulx tous, l'un temps parmi l'autre, et la forte
« saison portant la faible :

« Moutons.	1,900
« Bœufs.	400
« Pourceaulx.	400
« Veaulx.	200

« Saincte-Geneviéfve :

« Moutons.	500
« Bœufs.	16
« Porcs.	16
« Veaulx.	6

« Le Parvis :

« Moutons.	80
« Bœufs.	10
« Porcs.	8
« Veaulx.	10

« Saint-Germain, a treize bouchers :

« Moutons.	200
« Bœufs.	30
« Porcs.	50
« Veaulx.	30

« Le Temple, deux bouchers :

« Moutons.	200
« Bœufs.	24
« Porcs.	32
« Vaulx.	28

« Saint-Martin :

« Moutons	250
« Bœufs	24
« Porcs	32
« Vaulx	28 »

Ce qui faisait, en somme, pour la consommation de Paris, « sans le fait du roy et de la royne et des autres nos seigneurs de France, » 512 bœufs, 3,130 moutons, 528 cochons et 306 veaux par semaine ; — et 26,624 bœufs, 162,760 moutons, 27,456 cochons, et 15,912 veaux par an.

Dans cette statistique ne figurent pas les *lars* (porcs salés), dont on faisait un grand usage. Au vendredi *absolu* (vendredi saint), il s'en vendait deux à trois mille.

« L'ostel du roy en office de boucherie montait bien, pour
« sepmaine :

« En bœufs	16
« En moutons	120
« En vaulx	16
« En porcs	12 »

Soit, par an, 6,240 moutons, 832 bœufs, 832 veaux et 624 cochons.

« La royne et les enfants, pour sepmaine :

« Moutons	80
« Vaulx	12
« Bœufs	12
« Porcs	12 »

Soit, par an, 4,160 moutons, 624 veaux, 624 bœufs et 624 porcs, auxquels il faut ajouter « 200 *lars* pour l'ostel du « roy et 120 *lars* pour la maison de la royne et des enfants. »

Quant à la consommation des maisons des ducs d'Orléans et de Berry, elle était la même que celle de la maison de la reine.

Tel est l'état de la consommation de la viande de boucherie

à Paris, pendant le moyen âge. Il nous donne une idée de son importance, en la comparant à ce qu'elle est de nos jours.

Nous trouvons également que, pendant le xive siècle, le porc était, comme rôti, en grand honneur dans les palais et les hôtels des princes. C'est ainsi qu'on ne manquait jamais de servir, dans les grands repas, un *porc eschaudé*, un *porcelet farci* et un *bourbelier* (poitrine) *de sanglier*. On servait même, en guise d'entremets, des cervelas, une hure de sanglier et un jambon de Mayence.

C'est ainsi qu'antérieurement à la constitution de la communauté des charcutiers, la viande de porc était en très-grande estime non-seulement dans la classe du peuple, mais encore dans les hautes régions de l'aristocratie.

Grâces au goût qu'on avait pour la viande de porc et au grand débit qu'en faisaient les *oyers* et les *pâtissiers*, il arriva que plusieurs de ces derniers se réunirent pour former une communauté, en vendant du porc cuit et des saucisses toutes faites. Ils se désignèrent sous les noms de *saulcissiers* ou *chaircuitiers*. La profession devenant lucrative et le nombre des débitants augmentant tous les jours, le Parlement fut obligé de les *limiter à un certain chiffre*. Un règlement de 1419 interdit l'exercice de cette profession aux chandeliers et aux corroyeurs, qui s'immisçaient dans ce commerce. Ce fut au milieu de ces circonstances que se constitua, en 1475, la corporation des charcutiers proprement dite, et dont nous allons faire connaître l'origine et les progrès dans le chapitre suivant.

lité. Parmi ces marchands, ceux de Nanterre se trouvaient être précisément les plus dangereux sous ce rapport ; si bien que dix-huit d'entre eux furent condamnés par sentence de police du 1ᵉʳ février 1737 à de fortes amendes, notamment le nommé Carthery et sa femme, qui apportaient à Paris des viandes de porc gâtées. Afin d'obvier à cet inconvénient, et pour satisfaire aux plaintes légitimes des charcutiers de Paris, on restreignit, par une nouvelle ordonnance du 25 décembre 1742, l'autorisation accordée aux marchands forains d'approvisionner la ville. A dater de ce jour, il ne leur fut plus permis d'apporter du porc coupé que deux fois par semaine, le mercredi et le samedi ; on exerça, en outre, sur eux une plus rigoureuse surveillance.

Cette satisfaction accordée aux charcutiers de Paris n'était pas suffisante pour rétablir l'ordre et l'harmonie troublée au sein de la corporation. On jugea donc opportun de réformer les statuts. Nous allons voir dans quel but et sous quel point de vue on procéda à cette réforme.

CHAPITRE V.

Les Statuts réformés de la corporation des charcutiers. — Approvisionnement de Paris au XVIII° siècle. — Usages, mœurs et coutumes de ses habitants. — Situation du commerce de la charcuterie à cette époque. — Transformation que ce commerce éprouva à la révolution de 1789. — Coup-d'œil rétrospectif sur cette première partie de l'histoire de la charcuterie.

Les idées de progrès qui, pendant le cours du XVIII° siècle, pénétraient dans la société et transformaient l'esprit public, influèrent sur toutes les institutions qui, par leur origine, se rattachaient à un passé qui tendait à se modifier tous les jours. La corporation des charcutiers et le commerce qu'elle représentait étaient de ce nombre.

Nous avons vu comment les Statuts de leur communauté avaient constitué un monopole exclusif dans le droit de préparation et de vente de la viande de porc, et comment il fut successivement restreint, par suite de l'accroissement de la population, d'une part, et l'extension que prenaient, d'autre part, les professions rivales, telles que les pâtissiers et les rôtisseurs auxquels il faut joindre les marchands forains, notamment ceux de Nanterre, qui lui faisaient une rude concurrence. Dans ces circonstances, l'autorité, d'accord avec le syndic et les membres jurés de la corporation, jugea à propos de modifier encore les Statuts de la communauté dans un sens plus conforme à l'esprit de liberté qui commençait à pénétrer dans la population. Il nous suffira de citer, à ce sujet, quelques-uns des articles empruntés aux Statuts réformés par la Déclaration du roi, en date du 20 octobre 1705.

« Nul ne peut exercer à Paris le métier de charcutier, s'il n'a fait un apprentissage de quatre ans, et s'il n'a exercé chez son patron ou chez un autre patron, pendant cinq années, en qualité de compagnon, c'est-à-dire d'ouvrier.

« Nul ne pouvait entrer apprenti s'il n'avait atteint l'âge de quinze jusqu'à vingt ans, justifié par son extrait de baptême dûment légalisé. L'acte d'apprentissage devait, en outre, être passé par devant notaire en présence de deux membres jurés de la communauté. Une copie de cet acte devait être donnée, dans le délai de quinze jours, soit par le maître, soit par l'apprenti, pour être transcrite sur le registre de la communauté, à la diligence de l'un ou de l'autre. L'apprenti payait, en outre, à la communauté, pour son brevet, un droit de 12 livres.

« Nul apprenti ne pouvait quitter son maître, ni s'absenter, ni demeurer ailleurs, pendant la durée de son apprentissage, sans cause légitime, sous peine de *cinquante livres* d'amende et d'être privé du droit d'aspirer à la maîtrise. Le maître qui avait favorisé le départ d'un apprenti était également condamné à 50 livres d'amende, et, de plus, à l'interdiction, pendant *six mois*, de pouvoir exercer son métier.

« Nul maître ne peut prendre un deuxième apprenti, si le premier n'a déjà trois ans d'exercice. »

Tous les autres articles ont rapport à la communauté en général, à son organisation intérieure, à la bonne tenue des établissements et aux ouvertures des boutiques, aux rapports qui doivent exister entre les charcutiers et les pâtissiers-traiteurs et les rôtisseurs, à la police des halles et marchés, aux tueries et échaudoirs, à la permission que les gens du métier avaient d'acheter et de vendre des issues de mouton, de veau et de bœuf, aux charcutiers forains ; enfin au privilège qui leur était accordé, ainsi qu'à tous « les marchands et

« maîtres des corps et communautés d'arts et métiers de la
« ville et faubourgs de Paris, » de pouvoir s'établir partout
où ils voudront.

Il est à remarquer, dans ces nouveaux Statuts, qu'il existe plusieurs dispositions favorables, non-seulement au développement de la profession, mais encore à l'esprit de liberté dont le souffle pénétrait déjà dans l'esprit public. C'est ainsi que l'exercice du commerce de la charcuterie ne se borne plus à la vente « des saulcisses, char cuite et saingdoux, » comme le prescrivaient les anciens Statuts ; mais cette vente s'étend, comme nous allons bientôt le rapporter, à toutes autres préparations de chairs, denrées de boucherie et autres comestibles. On s'était déjà affranchi des nombreuses entraves que l'ancienne réglementation avait imposées à l'exercice de la profession de charcutier et à son commerce.

Disons, toutefois, que cette tolérance ou ce relâchement de la part de l'autorité, dont le rigorisme égalait le despotisme du monopole lui-même, s'explique par l'état de la profession elle-même et celui de la population, dont il fallait satisfaire les besoins et pourvoir aux nécessités.

En 1475, c'est-à-dire à l'époque où s'est constituée, comme nous l'avons vu, la communauté des charcutiers, elle ne comptait que onze membres, dont les noms méritent d'être conservés dans l'histoire, et qui s'appelaient : Oudin, Bonnard, Gartie, Yvonnet, Alot, Laurent le Grand, Jean Mabonne, Guillaume Alot, Geoffroy Auger, Thomas Bonnard et Jean Chappon, qui furent les fondateurs de la corporation des charcutiers. D'un autre côté, la population de Paris, à cette même époque, était à peine de *deux cent mille âmes*, tandis qu'en 1709, Paris comptait 700,000 habitants, c'est-à-dire deux tiers de plus qu'au milieu du xv° siècle, et il rapportait à Louis XV, roi de France, près de *cent millions* de revenus par an. C'est pour cela sans doute, dit Mercier, qu'il l'appelait *sa bonne ville de Paris*.

Si le nombre des maîtres charcutiers est fixé, dès l'origine de la communauté, à onze ; il s'accrut successivement avec une rapidité assez étonnante, alors surtout qu'on songe aux entraves apportées par les Statuts à l'obtention de la maîtrise et aux difficultés qu'il fallait surmonter pour avoir le diplôme de maître. Néanmoins, nous trouvons que le nombre des charcutiers de Paris était, en 1560, de quarante ; en 1680, de soixante, et de quatre-vingt-dix en 1775. « A cette
« époque, dit l'auteur du *Tableau de Paris*, les boutiques
« des pâtissiers, des charcutiers, des rôtisseurs, frappent la
« vue dans tous les carrefours. On y voit des langues four-
« rées, des jambons couronnés de lauriers, de grasses pou-
« lardes, des pâtés vermeils, des gâteaux tout sucrés. Les
« pâtissiers cuisent les viandes pour les ménages, dans leurs
« fours. » Il ajoute plus loin : « Il se consomme, chaque
« année, à Paris, près de 30,000 porcs. Les charcutiers
« métamorphosent le porc en cent manières différentes ; et
« ce qu'on appelle *saucisses*, *boudins*, *cervelas*, *langues*,
« *andouilles*, etc, y est d'un goût excellent, qu'on n'attrappe
« point ailleurs. Les charcutiers, la fourchette à la main,
« distribuent les morceaux de petit salé, renfort journalier
« des dîners et soupers des demi-bourgeois. »

Malgré cette apparente prospérité, la corporation des charcutiers adressa des doléances au roi, au sujet d'un impôt inique contre lequel protestait d'ailleurs toute la population ; c'était l'impôt du sel. « Le sel pour les salaisons se vend
« 13 *sols la livre*, dit la requête du syndic des charcutiers.
« Il est impossible, sire, qu'à ce prix, ceux de notre corpo-
« ration puissent préparer convenablement leurs viandes et
« les vendre à un prix marchand. Pour bénéficier, les reven-
« deurs (regrattiers) sont obligés de mélanger et de falsifier
« le sel, ce qui nous expose, malgré nous, à vendre nos
« préparations défectueuses et par suite à ce que nos pro-
« duits ne répondent pas à l'attente des acheteurs. Le syn-

« dic et conseil de la communauté supplient donc votre
« Majesté, de vouloir bien les alléger de l'impôt de la ferme ;
« elle aura la reconnaissance de ses très-humbles et fidèles
« sujets. »

Il ne paraît pas que cette requête soit parvenue jusqu'au roi ; ou s'il en a eu connaissance, les dépenses d'une cour fastueuse absorbant les recettes, il jugea à propos de laisser subsister l'impôt inique du sel. Les charcutiers et le peuple n'en continuèrent pas moins à en supporter les inconvénients.

Quoi qu'il en soit, la corporation fut maintenue toujours dans tous ses droits et dans toutes ses prérogatives. Après les luttes et les procès qu'elle avait eu à soutenir et dont nous avons fait mention, elle était arrivée au point d'être reconnue par l'autorité elle-même, comme une profession aussi utile que celle des bouchers et des boulangers. Nous voyons, en effet, que dans un règlement de police, en date du 14 décembre 1771, le syndic des charcutiers est chargé de nommer des membres pris au sein de la communauté
« pour exercer, à la foire aux jambons qui se tient, tous les
« ans, les mardi, mercredi et jeudi saints, au parvis de Notre-
« Dame, l'office d'inspecteurs de viandes *salées et desséchées*,
« et ce, en vertu de notre ordonnance du mois dernier ; à
« laquelle se conformeront lesdits syndics et inspecteurs. Rap-
« port de leurs visites nous sera fait ; afin que tout contre-
« venant soient amendés et punis conformément à nos règle-
« ments. »

Nous avons dit que la population de la capitale était, au XVIIIe siècle, de sept cent mille habitants ; un relevé de la boucherie porte qu'en 1765, les tueries de Paris recevaient 92,000 bœufs, 24,000 vaches 35,000 porcs et 500,000 moutons. Si nous ajoutons à ce chiffre ce que les marchands forains introduisaient de viandes dans l'intérieur de la capitale, nous pouvons établir que l'approvisionnement, à cette époque, était dans les mêmes rapports avec la population que l'approvisionnement de nos jours l'est avec la population actuelle de la capitale. En faisant ce rapprochement, nous voulons constater seulement ce fait : que peu d'années avant la révolution de 1789, et vers le milieu du xviii° siècle, les corps des métiers, malgré les obstacles que la réglementation opposait à leur essor, étaient néanmoins en prospérité, tout en se développant dans le sens de leur complet affranchissement.

La charcuterie, nous devons le reconnaître, avait acquis alors un extrême degré de prospérité et participait, comme tous les corps d'état, aux bienfaits de la loi de progrès qui devait régénérer l'ancienne société. Afin de convaincre nos lecteurs à ce sujet, il suffira de retracer l'état des mœurs publiques au sein de la capitale.

En 1770, il existait six à sept cents café dans Paris, où « l'on « y prenait, dit Mercier, du café trop brûlé, de la *limonade* « *dangereuse, des liqueurs malsaines à l'esprit de vin*. On y « courtisait les cafetières. » On y voyait autant de gargottes appelées *Arche de Noë*, où l'on donnait à manger pour 22 *sols;* quelques cabarets où nos ancêtres allaient autrefois entretenir leur belle humeur ; et la *Marmite perpétuelle* pendue à une longue crémaillère sur le quai de la Volaille. Là nageaient des chapons au gros sel qui cuisaient tous ensemble et qui se communiquaient, ajoute le même auteur, leurs sucs *restaurants*. Enfin, le prix de la viande de boucherie, *grâce à la caisse de Poissy*, n'était que de *neuf à dix sols* la livre.

Les limonadiers se trouvaient établis au nombre de dix-huit cents dans les divers quartiers de la ville.

Quant au commerce de la charcuterie, il n'était pas moins prospère. Tandis que les rôtisseurs-pâtissiers faisaient des *bouillies* et des *consommés* pour le public, le maître charcutier préparait le sanglier à la crapaudine cuit sur le gril, lardé de foie gras, flambé avec de la graisse fine et inondé avec des vins les plus savoureux et le servait entier. A l'hôtel d'Aligre, rue Saint-Honoré, s'ouvrait la boutique d'un célèbre charcutier qui exposait des andouillettes, des jambons bruts, des saucissons, des jambons cuits de Bayonne, des gorges et langues cuites de Vierson. Il était déjà question et on prisait beaucoup, dans les boutiques des charcutiers, des dindes aux truffes du Périgord, des pâtés de foie gras de Toulouse, des pâtés de thon frais de Toulon, des terrines de perdrix rouges de Nérac, des mauviettes de Pithiviers, des hures cuites de Troyes et des saucissons de Bologne.

En fait de gibier, on avait introduit alors dans l'alimentation publique, les bartavelles des montagnes, les becassous de Dombes et les coqs vierges de Caux. Ainsi le progrès dans l'art, les tendances vers la liberté commerciale et l'amour du luxe et de la bonne chère avaient préparé ou étaient prêts à accueillir la Révolution qui allait se produire. Aussi, lorsqu'elle éclata et que s'écroula la vieille société française, les éléments de la nouvelle société se trouvèrent prêts à se reconstituer. Relativement au commerce de la charcuterie, cette renovation surtout devait s'effectuer sans faire trop de ruines. La destruction des maîtrises et des jurandes fut le seul sacrifice qu'il eut à s'imposer. Sous le rapport de son existence et de sa nouvelle constitution, nous allons voir, dans la *charcuterie moderne* qui compose la seconde partie de cet ouvrage, qu'elle n'a eu qu'à suivre les traditions du passé en les complétant par les connaissances et les perfectionnements que l'art fait acquérir par la pratique à ceux qui l'exercent avec zèle, conviction et intelligence.

CHAPITRE VI.

Juridiction de la corporation des maîtres-charcutiers de la ville de Paris. — Ce qu'on appelait fenestres, boutiques et ouvroirs. — Enseignes des marchands avant la révolution de 1789. — Origine de l'enseigne de *l'Homme de la roche de Lyon.* — Réflexions sur cette dernière partie de l'histoire ancienne de la charcuterie.

En vertu des statuts qui régissaient les anciennes corporations des arts et métiers, chaque communauté avait un syndic, trois et quelquefois cinq membres jurés qui, élus par tous les autres membres du corps d'état, étaient chargés de son administration intérieure, de défendre ses droits et de faire exécuter les règlements qui le concernaient.

C'est ainsi que nous avons vu le syndic de la corporation des charcutiers faire saisir le produit de tout infracteur des articles des statuts et condamner ce dernier à l'amende. Il y avait, à ce sujet, une procédure à suivre, laquelle nous tenons à faire connaître, car elle prouve que les anciennes corporations n'étaient pas soumises, comme on le croit généralement, à un pur arbitraire.

D'abord, chaque corps d'état avait son huissier particulier qui était chargé de faire toutes les significations ordonnées par le syndic de la communauté; et ce n'était que par la voie de la procédure que le délinquant ou le contrevenant comparaissait devant le prévôt, juge au Châtelet, pour répondre aux inculpations formulées contre lui. Il s'agissait presque toujours soit d'une violation de certains articles importants des statuts, soit de la vente sans autorisation de quelque produit dont le débit appartenait à une autre communauté, soit enfin d'une infraction aux ordonnances de l'autorité.

Dans tous les cas, le délinquant ou contrevenant comparaissait devant le juge assisté d'un procureur spécial, ayant contre lui, pour accusateur, l'avocat de la corporation chargé de représenter le syndic lui-même. Ce n'était donc qu'après la production du procès-verbal, l'avoir discuté contradictoirement, que le juge prononçait sa sentence.

« Ci a comparu devant nous, juge au Châtelet, dit un juge-
« ment copié dans un vieux recueil d'arrêts, le nommé Fran-
« çois Jammin, chaircuitier, demeurant rue Sainte-Oppor-
« tune, à l'angle de l'impasse Barrois, lequel a été surpris
« vendant de la chair crue de porc, le jour de la fête de
« Notre-Dame d'aoust, contrairement à l'ordonnance de Sa
« Majesté; laquelle char (chair) elle-même, n'était ni saine
« ni mangeable. Pour ce et afin de punir pareilles infractions;
« oui le procureur de la communauté des charcutiers de
« Paris dans son procès-verbal d'ordre et conclusions; oui
« également l'avocat du lieutenant de la prevôté, au nom du
« roi, condamnons ledit François-Jammin, chaircuitier, à
« 300 livres d'amendes et à la confiscation des viandes sai-
« sies en son ouvroir; de plus, en 80 livres de dommages-
« intérêts en faveur de la communauté des chaircuitiers
« représentée par le syndic. Le présent jugement sera exécuté
« à la diligence du syndic de la susdite communauté, etc. »

Nous ferons observer que ces sortes de condamnations étaient d'autant plus rares, que les motifs qui pouvaient les provoquer étaient peu nombreux, à cause du discrédit qu'elles jetaient sur celui qui les avait encourues. En général, son établissement était mal noté de la part du public, et ses confrères eux-mêmes ne le voyaient pas d'un bon œil. Nous ajouterons, au reste, que les infractions graves aux règlements de la corporation ou aux ordonnances de l'autorité n'étaient pas communes. On n'en constatait, pendant ces temps, qu'à de très-longs intervalles.

Si les gens du métier avaient, à cette époque, le même respect que nous avons pour notre profession, il faut reconnaître, toutefois, que la manière de l'exercer différait de celle de nos jours. La vente des denrées s'effectuait, pendant le moyen âge, non plus dans des boutiques splendidement ornées et richement pourvues de comestibles, mais bien dans des salles étroites, obscures souvent et quelquefois humides. Outre que les produits de la charcuterie se trouvaient être alors très-peu variés, consistant seulement en jambon, porc frais, saucisses, lard, cervelas et boudins, ces mêmes produits n'étaient mis en montre que sur des fenêtres ouvrant sur la rue, à côté de la porte d'entrée de l'ouvroir. On était loin encore d'imaginer la possibilité de pouvoir établir ces belles devantures et ces étalages élégants que l'on distingue de nos jours.

Cantonné de la sorte, dans ces modestes réduits, le commerce de la charcuterie n'attirait pas moins le respect et la considération que lui avaient acquise nos ancêtres par leur probité et l'amour du travail.

Nous ajouterons à ces considérations que la réglementation de l'exercice du charcutier, quoique fixée par les ordonnances, laissait beaucoup à désirer sous le rapport de la salubrité. C'est ainsi que la faculté qu'avaient les charcutiers de pouvoir égorger les porcs dans leur domicile donnait lieu à de graves inconvénients. Aussi ce droit leur fut-il retiré dans la suite, et c'est à partir de cette prohibition que l'exercice de la profession prit un plus libre essor dans le sens de son perfectionnement.

A cette époque également, le marché du Parvis de Notre-Dame faisait concurrence aux gens du métier, si bien qu'ils se trouvaient dans la nécessité de se conformer aux prix fixés aux denrées qui s'y vendaient, et dont le jambon et le lard constituaient celles qui s'y vendaient le plus communément. C'est ainsi qu'en 1753, nous voyons que la livre du jambon y était cotée 10 sous et 11 deniers, et celle du petit lard 10 sous et 12 deniers. Il est à remarquer que ce marché était, pour le temps passé, ce qu'est de nos jours la foire aux jambons, qui se tient tous les ans, à Paris, pendant la dernière moitié de la semaine sainte.

Afin de distinguer les boutiques des charcutiers, dans le vieux Paris, on avait adopté comme indication des figures emblématiques qui tenaient lieu d'enseignes. Nous voyons ainsi que dans la rue St-Paul, avant la révolution de 1789, et remontant peut-être à une date très-ancienne, il existait une boutique de charcuterie à l'enseigne de la *Hure de sanglier*. On en voyait une, à l'angle de la rue Saint-Honoré et de celle des Bons-Enfants, qui portait *à Saint-Antoine*, représentant un ermite ayant un cochon à ses pieds; l'enseigne *à l'Homme de la Roche de Lyon* se trouvait à l'entrée de la rue des Petits-Champs, en face de l'hôtel de la Vrillière, où elle subsiste encore. Plusieurs enseignes de genres différents existaient dans les autres quartiers de Paris. Celle de l'*Homme de la Roche de Lyon* nous intéressant à plus d'un titre, nous croyons devoir en faire connaître l'origine.

L'enseigne, sinon la boutique, qui existait peut-être depuis de longues années, date de l'année 1777. C'est un nommé *Cailloux*, originaire de Lyon, qui, venant exercer la charcuterie à Paris, l'adopta comme indication de sa maison. Qu'était-ce que l'*Homme de la Roche de Lyon?* représentant un chevalier tenant une pique d'une main et une bourse de l'autre? C'est l'histoire qui va nous le dire.

Jean *Fléberg*, qu'on appela plus tard, par corruption du mot, *Cléberg*, naquit à Nuremberg en 1485, et était par conséquent d'origine allemande, d'une famille très-considérée dans le négoce. Il reçut une brillante éducation; mais destiné au commerce par ses parents, il commençait à s'y distinguer par toutes les qualités qui caractérisent l'homme d'ordre et d'intelligence, lorsqu'il fut appelé au service du roi de France, François Ier, pendant les guerres d'Italie. Il assista à plusieurs combats célèbres, où il se distingua par son courage et sa bravoure, notamment à la bataille de Pavie, qui fut si fatale au roi de France.

Après cet échec, François Ier, qui avait pu apprécier le mérite et la valeur de Jean Fléberg, l'attacha à sa personne et lui donna la direction de sa maison en qualité d'officier de bouche du Palais. Il remplit ses fonctions avec tout le dévouement dont il était animé à l'égard de la personne du roi, et ce n'est qu'après la fin de sa captivité qu'il se retira d'abord à Berne et ensuite à Lyon, où il continua d'exercer le négoce auquel il s'était consacré avant d'entrer au service du roi de France.

Ce fut en 1532 que nous le voyons déjà dans la ville de Lyon, où il avait acquis non-seulement une grande réputation d'homme de finances, de négociant intègre et d'honnête citoyen, mais encore une grande fortune. On assure que c'est à son influence que François Ier obtint de la ville de Lyon un emprunt de six millions, qui servirent à le relever de la mauvaise fortune dans laquelle il était tombé depuis la fatale bataille de Pavie.

Quoi qu'il en soit, Jean Fléberg n'en continua pas moins de jouir d'une très-grande considération dans la ville de Lyon, par sa fortune et son crédit, mais surtout par sa générosité et son extrême bienfaisance, sa bourse étant ouverte à toutes les infortunes soit publiques, soit privées. En 1531, la famine sévissait dans la ville de Lyon. Jean Fléberg ou *Cléberg*, car les Lyonnais prononçaient indistinctement les deux noms, fut le premier à venir en aide aux malheureux, et il versa une somme de 500 livres à cet effet dans la caisse des pauvres. Son exemple trouva bientôt des imitateurs, et en peu de jours on put fournir à la ville et aux malheureux qu'elle renfermait toutes les subsistances dont ils avaient besoin. Un historien fait observer qu'en moins de trois ans, ce généreux bienfaiteur avait donné 2,344 livres 10 sols pour le soulagement des malheureux. Or cette somme était considérable pour l'époque.

Là ne se borna pas sa générosité, car il ajouta à ses nombreux bienfaits une somme considérable qui servit à la fondation de l'hospice de la ville de Lyon. C'est ainsi que Jean Cléberg, possesseur d'une immense fortune, la dépensa en bonnes œuvres, ce qui lui valut l'estime et la vénération de tous les habitants de Lyon. Ce généreux citoyen, après une longue maladie qui devait l'enlever à l'attachement de tous les malheureux, mourut le 6 septembre 1546, à l'âge de 62 ans. On voit, sur une éminence qui se trouve à l'entrée du Bourg-Neuf, appelée *la Roche*, une vieille statue en bois représentant un chevalier armé tenant une lance d'une main et une bourse de l'autre ; c'est la statue que ses contemporains élevèrent à Jean Cléberg après sa mort. Elle est vénérée par tous les habitants de la cité, qui l'appellent l'*Homme de la Roche*.

Une nouvelle statue lui a été élevée par la reconnaissance de la municipalité, en souvenir de ses bienfaits, le 20 juin 1820, sur la place de l'Hommond.

L'enseigne *à l'Homme de la Roche de Lyon* remonte donc en 1777 et représente la vieille statue de Jean Cléberg, dont le charcutier Cailloux voulut rappeler le souvenir dans la capitale de la France, où il était venu exercer son industrie.

Si nous jetons maintenant un coup-d'œil rétrospectif sur cette première partie de l'histoire de la charcuterie ancienne, nous trouvons que les Romains d'abord faisaient un si grand cas des jambons, que Caton lui-même se donna la peine d'instruire comment il fallait les saler, les enfumer et les préparer pour les rendre bons et les conserver.

Nous voyons encore que les charcutiers de notre temps ont su faire revivre dans les dîners de luxe l'usage cher aux anciens, et aujourd'hui les convives des tables officielles ou des riches maisons ne craignent point de déroger à leurs habitudes de tous les jours, en acceptant, au milieu des festins les plus copieux comme les plus fins, la tranche de jambon fumé destinée à aiguiser l'appétit, la saucisse truffée, le pâté de foie, etc.

L'usage du porc lui-même était très-répandu pendant la période que nous venons de parcourir, surtout en France, où nous constatons plusieurs provinces qui viennent approvisionner Paris seulement d'une quantité considérable de porcs vivants.

Une statistique, citée par M. Husson, nous fait connaître, en effet, qu'avant 1789, le poids moyen d'un porc était, en viande nette, de 91 kilog. 500 gr., se divisant comme suit :

Lard gras .... kil.	15
Lard maigre..................	15.500
Porc frais	17
Deux jambons désossés	9
Viande pour les hachis..........	14.500
Quatre jambonneaux............	5
Petit-salé	6.500
Graisse	7
Déchet	2
Total égal......... kil.	91.500
En ajoutant le poids moyen des abats et issus	13
on obtenait un poids de .... kil.	104.500

Quant à la consommation de Paris en viande de porc, elle était considérable relativement à la population. Savary, après Sauval, évalue le nombre des porcs abattus en 1634 à 27,000. La consommation de 1688, d'après les registres du Châtelet, se serait élevée à 58,000, au dire de M. Benoiston de Châteauneuf. Quant aux époques postérieures, les relevés de

Lavoisier et de M. Teissier, opérés sur les années immédiatement antérieures à 1789, portent le nombre des porcs consommés à 35,000, selon le premier, et à 41,000 d'après le second.

Voici, au reste, les quantités résultant des moyennes prises sur 4, 6, 8 et 9 années :

   De 1757 à 1764...... 33,576 porcs.
   De 1766 à 1774...... 32,455 »
   De 1777 à 1780...... 38,833 »
   De 1781 à 1786...... 40,441 »

Enfin, à ces époques, le poids moyen des quantités de viande de porc consommés à Paris était de 8,588,700 liv. Chiffre énorme si l'on rapproche ce chiffre de celui de la population, qui n'était que de 700,000 habitants. Ainsi, sous quelque point de vue que l'on envisage l'époque ancienne, relativement à l'alimentation publique, nous trouvons que la consommation du porc était considérable ; il est juste de reconnaître aussi que l'organisation elle-même de la profession ne laissait rien à désirer au point de vue des mœurs et du progrès des temps anciens. C'est, au reste, ce que nous avons voulu constater dans cette première partie de notre *Traité*.

DEUXIÈME PARTIE.

CHARCUTERIE MODERNE.

DEUXIÈME PARTIE.

CHARCUTERIE MODERNE.

Cette seconde partie de notre Traité, la plus importante au point de vue théorique et pratique à la fois, se divisera en trois sections ainsi dénommées :

1° De l'élevage du porc en général et de ses diverses espèces ;

2° De la charcuterie proprement dite ;

3° De la charcuterie-cuisine et pâtisserie.

Avant d'entrer, toutefois, dans les détails qui composent chacune de ces divisions, il importe d'exposer, en peu de mots, comment la charcuterie ancienne se rattache à la charcuterie moderne, et quel est le lien qui les unit sous le rapport de la législation et de la réglementation qui les concernent.

Avant la révolution de 1789, on définissait comme suit le *charcutier* : « C'est un marchand de chair de pourceau qui
« la coupe, qui la hache, qui la sale, qui l'assaisonne, pour
« en faire (mêlée avec du sang ou sans sang), des saucisses

« boudins, andouilles, cervelas et autres ragoûts de chair ha-
« chée, enfermée dans des boyaux de porcs ou d'autres ani-
« maux.

« Ce sont aussi les charcutiers qui préparent, qui fument
« et qui vendent les jambons, languets, langues de bœuf,
« de porc et de mouton, et qui font le négoce du lard, du
« petit salé, cuit ou frais, du saindoux ou graisse du co-
« chon. »

Telle était l'ancienne charcuterie.

Sous le rapport de la réglementation, on avait déjà compris, avant la révolution de 1789, « qu'en France, le commerce et
« la consommation de la viande étaient un objet très-impor-
« tant, et, conséquemment, que le régime auquel était sou-
« mis la charcuterie pouvait être bien avantageusement
« remplacé par la liberté. »

Aussi, en 1791, la charcuterie profita-t-elle de l'abolition des maîtrises et des jurandes pour continuer librement son commerce. Toutefois, la limitation du nombre des charcutiers, rétablie dès l'année 1793, ne fut définitivement supprimée qu'en 1823. Pendant cet intervalle de temps et jusqu'à nos jours, il s'est formé, sur le commerce de la charcuterie, une législation et une réglementation que nous allons indiquer, afin d'établir le lien qui unit le passé au présent, en pareille matière. Voici la date des principales ordonnances de police :

Sentence de police du 27 mars 1778 ;

Lettres-patentes du 26 août 1783 ;

Arrêt du Conseil du 27 janvier 1788 ;

Ordonnances de police du 16 juin 1802, 24 avril 1804, 21 août 1805, 30 avril 1806, 13 juillet 1806 ;

Circulaire de M. le Préfet de police du 24 décembre 1811 ;

Ordonnance de police touchant la sûreté et la salubrité des denrées alimentaires, 3 décembre 1829 ;

Ordonnance concernant les établissements de charcuterie, 19 décembre 1835 ;

Statuts organiques du commerce de la charcuterie, 19 septembre 1834 ;

Admission des charcutiers à la vente des halles et marchés (arrêté du Préfet de police du 17 juillet 1840) ;

Ordonnance de police concernant la vente du porc frais et salé, 3 mai 1840 ;

Droits de douane et d'octroi des porcs, 10 mai 1846 ;

Règlement et droits d'octroi, 23 décembre 1846 ;

Ordonnance concernant la vente à la criée, 21 mai 1849 ;

Police des garçons et ouvriers charcutiers, loi du 22 février 1851 ;

Lettre de M. le Préfet de police aux mandataires du bureau du commerce de la charcuterie de Paris, du 13 août 1864 ;

Délibération de l'assemblée générale des mandataires du bureau du commerce de la charcuterie, du 16 décembre 1864 ;

Lois et règlements concernant le commerce de la charcuterie, 21 septembre, 10 et 12 octobre 1867.

Au nombre des principales dispositions que contiennent ces lois et ordonnances, nous citerons les suivantes :

Il ne peut être formé, dans le ressort de la préfecture de police, aucun établissement de charcuterie sans une permission du préfet.

Les charcutiers doivent tenir leurs chantiers et leurs ustensiles dans la plus grande propreté, sous peine d'amende. — Ils ne peuvent acheter des issues de bœuf, veau ou mouton que pour les employer dans la préparation des viandes de charcuterie.

Il est défendu d'acheter et de vendre des porcs vivants, dans le ressort de la préfecture de police, partout ailleurs que sur les marchés de la Maison-Blanche et de la Chapelle-Saint-Denis, et dans les foires et marchés à ce destinés.

La vente du porc frais et salé et des issues de porc à Paris, a lieu au marché des Prouvaires, les mercredi et samedi de chaque semaine, depuis sept heures du matin jusqu'à midi pour la vente en gros, et jusqu'à cinq heures de relevée pour la vente en détail.

Vingt places sont réservées au marché des Prouvaires pour les charcutiers forains, dits *gargots*, qui vendent du porc frais en gros.

Les porcs, à Paris, ne sont abattus que dans les échaudoirs autorisés à cet effet, à peine de saisie et de confiscation des porcs. — Les propriétaires des échaudoirs ne peuvent percevoir plus de 1 fr. 50 c. pour abat, préparation et transport d'un porc.

Le commerce de la charcuterie à Paris s'est composé un bureau, formé de trois mandataires généraux et spéciaux. — Ces derniers sont nommés par vingt-quatre mandataires choisis par les charcutiers, à raison de deux par chaque arrondissement municipal. — Les trois mandataires représentent le commerce de la charcuterie.

Pour avoir une idée de l'ensemble de cette réglementation, il importe de savoir que la plupart des dispositions qui concernent le commerce de la charcuterie moderne ont été empruntées aux anciennes ordonnances; on les a appropriées aux exigences de l'époque actuelle. Quelques parties seulement de l'ancienne réglementation ont été modifiées d'après les besoins de la nouvelle société.

Si nous voulons maintenant comparer les deux époques, l'ancienne et la moderne, nous trouvons qu'avant la Révolution de 1789, la population de Paris était de 700,000 habitants; en 1817, la statistique officielle la fixe à 713,966 habitants. Dans l'espace de vingt ans, son accroissement n'avait donc été que d'environ 14,000 habitants. Ce qui s'explique, au reste, par suite des guerres de la Révolution et de l'Empire, qui avaient singulièrement arrêté la marche de la population.

Constatons également un fait très-remarquable, sous le rapport de la consommation, c'est qu'avant la Révolution, celle-ci était bien plus considérable qu'en 1817. Ce qui ressort, au reste, de la statistique dressée par la ville de Paris, en 1817, et de celle que publia, en 1789, M. Lavoisier.

En 1789, M. Lavoisier établit le chiffre de la consommation de la viande de boucherie de Paris comme suit :

Bœufs..........	70,000	têtes.
Vaches.........	18,000	—
Veaux..........	120,000	—
Moutons........	360,000	—
Porcs, sangliers...	35,000	—
Viande à la main..	675,372	kilog.

En 1817, la statistique officielle fournit le chiffre suivant :

Bœufs..........	69,955	têtes.
Vaches.........	8,978	—
Veaux..........	77,056	—
Moutons........	335,933	—
Porcs, sangliers..	69,684	—
Viande à la main..	366,354	kilog.

C'est en partant de ces données que nous allons voir la charcuterie moderne, d'abord en arrière au commencement de ce siècle, prendre son essor et arriver à un haut degré de prospérité. Ce que nous constaterons à mesure que nous aborderons les différentes questions pratiques qui composent cette seconde partie de notre *Traité*.

Sanglier.

PREMIÈRE DIVISION.

De l'élevage du porc en général et de ses diverses espèces.

CHAPITRE Ier.

Le porc considéré dans son origine et dans ses rapports avec l'alimentation.

Le porc n'est autre chose que le sanglier domestique. Il est d'une utilité incontestable, ainsi que nous allons le démontrer.

Les porcs de la race primitive présentaient, dans tous les pays, il y a environ un demi-siècle, les mêmes caractères. Ils étaient robustes, bien taillés pour la marche, capables de braver toutes les intempéries, très-prolifiques, mais peu précoces, difficiles à engraisser et d'une qualité grossière.

Malgré la transformation de cette race, qui s'est opérée et s'opère de nos jours, la France a eu et a encore quelques races indigènes qui méritent d'être mentionnées. Ce sont précisément ces races qui fournissaient à l'approvisionnement de la charcuterie ancienne. Celles qui conservent encore les caractères primitifs sont les races *normande, craonaise, périgourdine,* du *Quercy.* Les premières sont blanches, les dernières noires et blanches; elles sont évidemment la souche de toutes les races du midi et de toutes les modifications plus ou moins heureuses qu'on y rencontre.

La race *limousine* est supérieure à celle du *Quercy;* elle est plus fine et moins élevée. Quant aux races *craonaise* et *normande,* de même couleur, elles ont entre elles quelques autres points de ressemblance et sont parfaitement distinctes des races méridionales, avec lesquelles il serait impossible de les confondre. Le corps de ces porcs est plus épais, plus cylindrique, et ils atteignent des poids plus élevés.

La charcuterie de Paris place en première ligne la race *craonaise,* qui est connue sur les marchés sous le nom de *mancelle,* et dont les animaux proviennent des départements de la Mayenne, de la Sarthe, de Maine-et-Loire, de la Seine-Inférieure et de l'Orne, et plus particulièrement des arrondissements d'Angers et du Mans. On considère les animaux de ce groupe comme l'emportant sur tous les autres animaux indigènes, par la qualité supérieure des viandes et comme donnant un poids net plus élevé.

Au second rang viennent les races *normande* et *cotentine,* dont les os sont plus forts, la fibre plus faible, et dont la viande, dans son ensemble, présente moins de finesse et semble moins bonne à la fabrication des produits les plus fins de la charcuterie parisienne.

Au troisième rang seulement se placent d'abord les races de la Bourgogne, et ensuite de la Champagne, du Quercy et du Limousin, dont on regarde les viandes comme plus molles et se prêtant moins bien à la salaison. Relativement à la race limousine, nous devons déclarer que, dans le concours de boucherie de Poissy de 1857, on a reconnu, à l'épreuve, que les porcs limousins l'emportaient sur les porcs normands, et qu'on leur avait trouvé la chair plus fine, un lard épais

Race middlesex-craonnaise.

couvert de couenne fort mince et d'une fermeté extraordinaire. Pour moi, ce fait me paraît extraordinaire.

Dans ces derniers temps, au moyen de croisements avec des races originaires de l'Asie, de l'Afrique, de l'Amérique, issues elles-mêmes des porcs sauvages de ces contrées, on est parvenu à opérer de nouvelles transformations. C'est l'introduction d'une race de porcs toute nouvelle, de conformation trapue, de tempérament lymphatique et délicat et d'aptitudes qui ne devaient convenir qu'aux pays d'une culture avancée ou dont les animaux reçoivent de la main de l'homme la nourriture qu'ils ne pourraient aller chercher eux-mêmes.

C'est par l'Angleterre que cette introduction a eu lieu; c'est en Angleterre que s'est développé ce type nouveau, qui, de là, est passé en France. Ce type nouveau est celui des petites races, que nous ne faisons qu'indiquer, afin de ne pas sortir du cadre de notre ouvrage.

Les premiers animaux de petite race introduits en Angleterre venaient de la Chine et de Naples, où se trouvaient déjà acclimatés des porcs d'Asie. Des croisements opérés dans les divers comtés, il en est résulté deux races bien distinctes : l'une noire, l'autre blanche.

La race noire d'*Essex* est issue de la race napolitaine ; les petites races blanches viennent du porc de Chine. Du croisement de la race noire et de la race blanche entre elles, il en est résulté des sous-races grises très-dignes d'être entretenues et fixées. C'est, au surplus, ce qu'ont fait et ce que font les éleveurs modernes. Au moyen de ce croisement, on a allié des animaux de petite taille, d'une finesse, d'une délicatesse très-grandes, originaires de climats très-chauds, et constitués de manière à ne pouvoir aller chercher leur nourriture avec des animaux grossiers, mal conformés, mais vigoureux et possédant les qualités de reproduction, la sécrétion laitière abondante, dont sont douées les races communes.

On a reproduit ainsi des animaux qui réunissent la taille et la vigueur aux finesses et aux aptitudes extraordinaires à l'engraissement des petites races.

Tel est le mode de la reproduction adopté en Angleterre ; la France y a puisé, de son côté, les éléments améliorateurs dont elle avait grand besoin, et sur lesquels nous allons dire quelques mots.

Sans recourir aux chiffres de la statistique, nous établissons en fait qu'il se mange en France plus de viande de porc que de viandes de bœuf, de vache et de mouton réunies, et ce seul fait proclame assez haut que l'élevage du porc se place au rang des questions qui doivent préoccuper le plus les producteurs et les économistes.

Dans l'étude qui a été faite au sujet du croisement des races, il a été démontré :

Que les petites races anglaises sont les meilleures pour le petit cultivateur et pour les ménages d'ouvriers ;

Que c'est le lard surtout que produisent les petites races ;

Que la quantité de lard n'est pas inférieure et serait plutôt supérieure dans les petites races que dans les grandes ;

Que pour une quantité donnée de nourriture, les petites races produisent enfin une plus grande quantité de graisse et de viande.

Or, il est constaté que le porc qui provient du croisement des races étrangères avec nos races indigènes, est assurément l'animal de consommation qui résume le mieux les aptitudes diverses que recherchent le commerce actuel et le petit cultivateur. Il ne faudrait pas pourtant prendre cette proposition dans un sens absolu. Il est incontestable que nos races indigènes ont des qualités égales, sinon supérieures, aux races anglaises. Ainsi, sous le rapport de l'élevage, dans les contrées où les animaux vont chercher leur nourriture dans les bois de chênes, de hêtres ou de châtaigniers, les races anglaises ou sédentaires ne sauraient convenir ; elles n'ont pas

Race mancelle.

une conformation qui leur permette de marcher sans fatigue ; mais elles conviennent pour l'ouvrier des villes ou des campagnes, qui peut les laisser libres dans un enclos ou dans une cour, qui sont son seul domaine. Ce fait est admis par tous les producteurs.

On se plaint, néanmoins, que les petites races donnent plus de lard que de viande, et que la chair des jeunes animaux est moins savoureuse. Cette plainte n'est pas sans avoir un certain fondement. Si l'économie demande une rapide croissance de l'animal, la qualité de la viande veut de l'âge, et il est certain que les jambons d'un animal âgé sont supérieurs à ceux d'un jeune, s'il a été d'ailleurs suffisamment nourri. Il s'ensuit que le riche qui ne regarde pas à la viande, fera bien de préférer un jambon de Westphalie, de Bayonne ou de Mayence à celui d'un porc d'Essex. L'étude comparative des viandes des porcs a fourni, du reste, sur la question de l'élevage de cet animal, des considérations que nous croyons utiles de rapporter, sans sortir de notre sujet.

Une viande de porc n'est de première qualité que si elle réunit toutes les conditions d'une bonne couleur, d'une grande finesse de grain et de marbrure à une maturité convenable. Elle est de qualité inférieure, si elle n'est ni marbrée, ni fine, ni claire dans la teinte. Il est, en outre, deux qualités fort estimables dans la viande de porc, en raison des manipulations que lui fait subir la charcuterie : l'une consiste à ne pas perdre, à ne pas *déchéter* à la cuisson ; l'autre, à prendre facilement le sel.

Les parties du porc qui sont vendues à l'état de viande fraîche comprennent le filet, le train de côtes, l'échigné, de chaque côté. Les côtes de la poitrine se vendent comme *petit salé*. Tous les débris qu'on obtient quand on pare les pièces qui doivent être vendues fraîches, sont employés à la préparation de la *chair à saucisses*. La *chair à saucisses*, les *saucissons de Paris*, le *saucisson de Lyon*, exigent la première qualité de viande, celle qui, complétement exempte de nerfs, est la plus fine et la plus marbrée. Les autres viandes s'emploient plus particulièrement pour les *cervelas* et les *saucisses fumées*.

On comprend d'après cela, comment c'est faire l'éloge d'une race porcine et mettre sa viande au premier rang, que de la reconnaître apte à fournir les meilleurs éléments pour les préparations les plus fines de la charcuterie, etc.

D'un autre côté, dans l'intérieur du porc, il faut remarquer la *graisse* qui a les qualités suivantes : Le *ratis* ou graisse de dedans, est employée à faire le *saindoux*, pour la fabrication des boudins ordinaires, etc. La *panne* donne aussi le saindoux; mais, pour le boudin de table, on se sert de la graisse de la panne, la plus fraîche possible, afin de lui laisser tout son parfum.

Quant au *lard*, lorsqu'il est salé, il doit offrir une belle teinte, légèrement rosée et un grain fin. Le lard très-ferme peut se couper aisément, et sans ce casser, en petits fragments longs, carrés et minces qui servent à piquer les viandes Un peu moins ferme, il donne principalement des bardes dans lesquelles on enveloppe les pièces de viande et les volailles. Quand il n'a pas assez de fermeté pour ce double emploi, on l'ajoute à la panne pour faire du saindoux, et le résidu, le *créton*, est utilisé dans la fabrication des boudins ordinaires se vendant au poids.

En partant de ces considérations, on a reproché à la graisse des porcs anglais d'être beaucoup moins ferme que celle des porcs de race française. Cela est incontestable. Nous n'entrerons point dans les détails des causes qui établissent cette différence. Cela serait étranger à notre sujet. Nous dirons seulement que les petites races perfectionnées et les produits qu'elles donnent par croisement ont une chair plus fine, plus tendre; ils se salent plus vite et font d'excellents produits, ainsi que nous le verrons dans la suite de cet ouvrage.

Race périgourdine.

Ce qu'il importe de constater, pour nous, en ce moment, c'est que les races qui sont les plus estimées et dont l'élevage est fait en vue du travail de la charcuterie sont les suivantes : La race Mancelle et Normande, les races Middlesex-Craonais, Middlesex-Augeron françaises. Nous verrons, dans la suite, quels sont les produits de ces six races dans la fabrication et le commerce de la charcuterie. Mentionnons simplement ce fait : c'est qu'un porc augeron ou français, âgé de quatorze mois peut peser et pèse jusqu'à 275 kilogrammes ; tandis qu'un porc anglais de New-Leicester, c'est-à-dire de la plus belle espèce, âgé de quatorze mois, ne pèse que 170 kilogrammes. Ce rapprochement indique suffisamment quel parti le travail du charcutier peut retirer de l'une ou de l'autre espèce, en dehors de leurs qualités intérieures dont il n'est pas question dans ce chapitre.

Quoi qu'il en soit, et sous tous les rapports, l'alimentation publique doit retirer un plus grand profit, ce nous semble, des races françaises que des races croisées anglaises. L'expérience, à ce sujet, nous le démontre tous les jours ; et c'est l'opinion de nos plus grands producteurs et des charcutiers.

Race limousine.

CHAPITRE II.

De la production des porcs dans ses rapports avec l'approvisionnement. — Marchés et consommation. — Manière d'élever, de nourrir et engraisser les cochons. — Résultats obtenus sous l'ancien et le nouveau régime.

D'après la statistique officielle, nous consommons en France, actuellement :

En viande de l'espèce bovine.. kil.	302,000,000
En viande des espèces ovine et caprine....................	83,000,000
En viande de porcs............	315,000,000
Plus en volaille, gibier, poisson, œufs, fromage, l'équivalent en viande de	280,000,000
Total....	980,000,000

La viande de porc, comme on le voit et ainsi que nous l'avons observé plus haut, entre dans une plus grande quantité que les autres viandes dans la consommation générale. Il faut reconnaître aussi que le soin mis à l'élevage de cet animal a été porté en France à un très-haut degré de perfection. Nous avons indiqué, dans le chapitre précédent, ses diverses races; nous allons, dans celui-ci, faire connaître qu'elles sont ses espèces, en nous restreignant seulement aux porcs de France.

Constatons d'abord que les races de cochons français sont des variétés de la race moins forte du porc commun à grandes oreilles.

Ces races sont :

1º Une race noire très-commune au sud de la France ;

2º Une autre race pie, pie noire et pie blanche, au centre et à l'ouest ;

3º Deux races blanches qui se rencontrent plus au nord.

Quant à la race de Westphalie et de la Basse-Allemagne, elle est d'une teinte plus brune et d'une taille plus élancée ; sa chair est plus ferme et est aussi très-délicate. Nous ferons remarquer qu'on tire de ces races les jambons de Mayence et de Hambourg.

Dans l'intérêt du commerce de la charcuterie, nous allons décrire en détail ces diverses races, qui entrent pour une très-grande part dans l'alimentation publique.

Cochon de la vallée d'Auge, en Normandie. — Ce cochon est la race pure du porc. Dans le nord, l'ouest et le centre de la France, elle est ordinairement croisée et forme, avec un grand nombre de variétés, ce que l'on nomme le *porc commun.* Cette race pure de la vallée d'Auge a les caractères suivants : tête petite et très-pointue, oreilles étroites, corps long et épais, soies blanches et peu abondantes, pattes minces, ars petits. On le nourrit très-bien avec du trèfle, de la luzerne, du sainfoin ; en un mot, avec des herbages. Ce cochon s'engraisse facilement et parvient communément au poids de 300 kilogr. en peu de temps.

Cochon blanc du Poitou. — Il compose la deuxième race des cochons de France, tout en formant un contraste étrange avec le précédent. Sa tête est longue et grosse, son front saillant et coupé droit. Quant à ses oreilles, elles sont larges et pendantes, les soies rudes, les pieds larges et forts, les ars très-gros. Néanmoins, son plus grand poids n'excède pas 225 kilogr. Nous ferons remarquer à ce sujet que les porcs plus petits engraissent beaucoup plus facilement que les gros et pèsent relativement davantage, ce qu'on constate au reste dans les porcs anglais de Middlesex et de Leicester.

Cochon du Périgord. — Il forme la troisième race française ; son poil est noir et rude, son cou gros et court, son corps large et ramassé. Les porcs de cette race sont estimés ; mais elle donne plus de profit quand on la croise avec la race des porcs du Poitou. C'est au surplus ce croisement qui a donné le porc pie noir ou pie blanc, excellente race, très-répandue dans les provinces méridionales de la France, et que les cultivateurs devraient élever de préférence à toute autre.

Porc des Ardennes. — Les porcs de cette race sont petits, mais larges, épais, mangeant de tout, devenant parfaitement gras en moins de huit mois d'engrais et pesant autant que les porcs d'une plus grande stature. Leurs jambes sont courtes, leurs oreilles droites et leur groin allongé. Cette race est très-estimée par les éleveurs et même par les charcutiers.

Porc dit de Champagne. — En comparant cette espèce avec la précédente, les hommes spéciaux ont été d'accord pour reconnaître que les cochons champenois sont beaucoup plus gros que les cochons des Ardennes, mais qu'après dix-huit mois d'engraissement, ils ne pèsent pas davantage. On a reconnu aussi que les porcs de cette race sont très-sujets aux maladies et difficiles à nourrir ; la chair en est moins savoureuse. Sous le rapport de sa conformation, il a les oreilles tombantes, les jambes hautes et le corps allongé. On est porté à croire qu'il n'est qu'une variété du porc commun à grandes oreilles, lequel est, du reste, inférieur aux porcs des autres races.

Voici sa description :

Cochon commun à grandes oreilles. — Le cochon commun,

qui est la souche même de l'espèce des cochons français, diffère de la race sauvage par de petites défenses, des oreilles longues, pointues, demi-pendantes ; par sa couleur blanche jaunâtre, ordinairement sans taches. Il est marqué parfois de tâches noires irrégulières ; quelquefois aussi, mais très-rarement, on en voit d'entièrement noirs.

Cette race, très-répandue en France, en Allemagne et en Angleterre, n'est ni robuste, ni féconde ; sa chair est grossière et fibreuse. Elle offre, en outre, diverses sortes d'abâtardissements, parmi lesquelles certaines espèces ont attiré l'attention des cultivateurs qui en ont fait d'utiles croisements. Quelques-unes de ces variétés, telles que le gros porc anglais, le porc normand et le porc danois, prennent une taille extraordinaire et produisent beaucoup de graisse et beaucoup de lard. On a constaté que ce croisement peut donner jusqu'à 500 et 600 kilogr. de poids.

Tel est l'aperçu sommaire de la race primitive des porcs français et de ses dérivés dans l'état domestique. Nous croyons inutile de faire connaître ici quelques-unes de ces variétés peu connues et moins encore les animaux étrangers qui s'y rapportent le plus, tels que le cochon d'Inde, le sanglier de Madagascar, le cochon bas ou Pécari, le cochon marron de la Guyane et le cochon marin. Ces races étrangères peuvent avoir un intérêt pour le naturaliste qui les étudie ; elles n'en ont point pour le praticien qui s'occupe de l'alimentation, alors que ces animaux n'en font point partie.

Nous terminerons seulement cet exposé sur les races françaises en citant l'opinion de l'honorable M. Reynal, professeur à l'Ecole d'Alfort, en cette matière :

« Quelles races étrangères, en effet, dit-il, pourraient lutter avec les races mancelles, normandes, angevines, limousines et telles autres races que nous passons sous silence ?

« Les races françaises se distinguent :

« Par leur rusticité, rusticité qui permet de les élever dans les pays les plus pauvres; par leur fécondité toujours supérieure, dans les conditions où elles se trouvent placées, à la fécondité de la race anglaise, particularité importante qui, dans certains pays, devient une source de richesse par le débouché que le commerce ouvre à la vente des jeunes cochons ou des cochons de lait; par la quantité de chair musculaire, qui est d'un tiers au moins supérieure à celle que fournit la race anglaise. Membre de la Commission de rendement, j'ai pu constater que sur un poids total de 75 kilogrammes, le porc anglais ne donnait que 25 kilogrammes de viande, tandis que le porc français de même poids fournissait juste le double, 50 kilogrammes; par la qualité de la viande toujours supérieure à celle de la viande anglaise, pour subir les diverses transformations de l'art du charcutier. Tout le commerce de la charcuterie s'accorde à reconnaître que la chair du porc français *se travaille* mieux, fait des produits alimentaires supérieurs à ceux qui se fabriquent avec la chair du porc anglais.

« La partie grasse, le lard notamment, s'il n'est pas inférieur en qualité au lard du cochon français, tout au moins ne répond pas au même degré aux habitudes culinaires et au goût des consommateurs. Le premier fond pour ainsi dire par la cuisson, tandis que le second reste ferme et résistant et perd beaucoup moins à la cuisson.

« C'est en vain que dans le porc anglais on chercherait le *petit-salé*, la *petite poitrine*, si recherchés par la ménagère et pour la préparation de divers mets d'un usage général dans l'alimentation de toutes les classes de la société...

« Enfin, les races françaises seules peuvent soutenir la réputation méritée que leur ont acquise les produits de notre charcuterie, ceux entr'autres connus sous le nom de *saucisses de Lyon*, de *jambons de Bayonne*, etc. Qu'on substitue les races anglaises aux races indigènes qui les fournissent, et l'on verra bientôt que ces produits alimentaires perdront de leur qualité et seront moins recherchés par le commerce et le consommateur (1). »

Quant à l'élevage du porc, il nous suffira de dire, sous le rapport de son engraissement, que l'on produit 1 kilogr. de porc, la plus admirable machine d'assimilation que nous possédons, avec 4 ou 5 kilogrammes seulement de matières supposées desséchées. Ainsi, la viande de porc est beaucoup la plus économique à produire. En résumé, pour obtenir un engraissement convenable, il faut choisir, parmi nos races françaises croisées ou non croisées, une race qui aura le moins de tête et de pattes, qui donne un cylindre peu osseux et le plus pesant possible. Tel est le problème à résoudre ; c'est donc dans une race porcine mixte qu'on peut espérer d'en trouver la solution. Cette question est d'autant plus importante, que, d'après ce que nous avons fait observer plus haut, selon la statistique officielle, il se consomme annuellement en France, 290,446,475 kilogr. de viande de porc.

Ainsi, pendant qu'il se mange en France pour 150,786,636 f. de viande de bœuf et de mouton, la viande de porc entre dans la consommation pour 243,683,483 francs, c'est-à-dire à elle toute seule pour 92,896,847 francs de plus que le bœuf et le mouton réunis.

Il importe de remarquer en outre que le porc est la nourriture des classes pauvres, de celles qui doivent le mieux compter leurs dépenses, et l'on se convaincra que ce n'est pas une petite question que celle du plus ou moins d'aptitude à l'engraissement et à la précocité de telle ou telle race porcine.

Dans tous les cas, l'amélioration des animaux est dans l'abondance et le choix de leur nourriture. Pour améliorer les races, il faut les bien nourrir.

(1) M. Reynal, *Rapport du Jury international : Des Porcs*, in-8°, 1867.

La manière de soigner et d'engraisser les cochons devrait rester en dehors de notre sujet, mais nous en parlerons néanmoins dans un prochain chapitre. Disons seulement que l'on connaît le degré de graisse des porcs aux *maniements*, c'est-à-dire en palpant les cordons de graisse qui se forment à leurs diverses parties. Quand les *maniements* sont *mous et soufflés*, la graisse est peu considérable ; s'ils sont amples et fermes, la graisse est parfaite. Selon qu'elle occupe principalement telle ou telle partie, l'animal est *bon de tel ou tel côté* ; la substance graisseuse étant générale, l'*animal est bon à démarrer*, selon une expression commune. Ce langage est celui des gens du métier. La *panne* et le *ratis* abondent dans le porc, et ordinairement on se contente de les tâter à la sous-gorge pour en apprécier la quantité. On peut exercer une pression sur le dos ; si la peau résiste sous cette pression, il est alors dans l'état le plus désirable d'engraissement.

Nous terminerons ce chapitre en donnant les frais de nourriture d'un porc engraissé, en supposant l'achat des éléments qui composent son alimentation. Ce calcul est emprunté à un travail de M. Hamon-Mallet, célèbre éleveur de porcs.

Achat d'un cochon de six mois, sain et bien conformé.	20 f.
De dix à douze mois, pour être bien nourri, 6 litres et demi de son par jour, à 50 cent. les 13 litres.	45
De douze mois à dix-huit, nourriture plus délicate : 6 litres et demi de farine d'orge et 8 litres environ de son par jour, la farine à 1 fr. les 13 lit..	60
Pour achever l'engraissement, nourriture encore plus recherchée : 468 litres de farine d'orge pure, à 1 franc les 13 litres.....................	36
Total.........	161 f.

Le porc ainsi nourri pèsera au moins 200 kilogrammes.

En évaluant le demi-kilogramme de viande, graisse ou lard à 50 centimes, on obtient un prix net de 200 francs. Le bénéfice est donc de 39 francs.

Il faut observer, dans cette évaluation, qu'on n'achète point le cochon, mais qu'on l'élève, et il ne coûte plus rien. On peut substituer en outre les pommes de terre, les châtaignes, le sarrazin à l'orge qui revient plus cher, ce qui produit une grande économie. Enfin, si l'on engraisse plusieurs porcs à la fois, les soins à leur donner ne demandent pas plus de peine ni de temps.

Le poids que peuvent atteindre les cochons engraissés est vraiment prodigieux. On sait que les porcs de la vallée d'Auge, en Normandie, parviennent ordinairement à 300 kil. au moyen de l'engraissement ; que le porc anglais pèse de 3 à 400 kilog., chiffre auquel arrivent nos porcs français de race croisée. Toutefois, nous ne conseillerons pas aux charcutiers, nos confrères, d'acheter de préférence ces masses ; outre que leur vaste dimension les rend proportionnellement d'un prix plus élevé que des cochons moins lourds, ils ont, en général, la chair moins savoureuse et font davantage de déchet.

Le commerce du cochon donne des bénéfices à tous ceux qui s'en occupent avec soin ; il met de l'aisance dans le ménage du métayer qui vend, chaque année, les produits de sa tuerie de 90 à 120 francs. C'est le gain le plus clair des fermes qui peuvent en nourrir une certaine quantité. Il enrichit encore les marchands qui vont de ferme en ferme acheter les cochons châtrés et de belle venue, pour en former des troupeaux qu'ils mettent à la glandée. Disons que c'est la branche d'agriculture la plus lucrative en Espagne ; et la principale richesse des provinces de Westphalie et d'une grande partie de la Basse-Allemagne consiste à nourrir une quantité prodigieuse de porcs. Nous ne les considérons en ce moment que relativement à leur nourriture ; on sait à combien d'arts leurs dépouilles sont utiles.

Au nombre des marchés où ils sont produits en vente dans l'intérêt de la consommation générale, nous dirons que le marché de La Villette, à Paris, et les principaux marchés du département de la Sarthe sont placés au premier rang. Nous mentionnerons plus tard dans quelle proportion les marchés spéciaux les fournissent à l'alimentation de la France et de l'étranger, et sous quel rapport ils se trouvent placés dans l'ordre de l'approvisionnement général.

CHAPITRE III.

De l'engraissement du cochon. — Législation concernant les porcs. — Statistique de l'ancienne production de la viande de charcuterie comparée à la production moderne. — Considérations générales sur l'approvisionnement de cette viande de boucherie. — Tableaux comparatifs ayant rapport à l'élevage des porcs et à l'alimentation publique.

Toutes les saisons conviennent à l'engraissement du cochon, quand on en fait une industrie particulière; mais l'automne est l'époque la plus favorable pour engraisser les porcs à la ferme.

En général, l'engraissement du bétail est une des parties les plus importantes de la science agricole. Le cultivateur qui n'en fait point une industrie particulière, a toujours intérêt à employer à l'engraissement du bétail une partie des fourrages, des grains et des racines que produit son exploitation, non-seulement parce que la vente des bêtes grasses est toujours lucrative, mais encore parce que l'engrais produit par les animaux, pendant le cours de l'engraissement, est bien supérieur au fumier des mêmes animaux tenus seulement à la ration d'entretien.

Les conditions qui assurent le succès de l'engraissement sont :

1° Un bon *choix des animaux* à engraisser. En trois mois, on engraissera complétement un animal qui est déjà en chair, et il faudra peut-être six mois pour mettre en chair un animal qui a la peau collée sur les os;

2° Une bonne méthode, quelle que soit celle qu'on adopte, mérite qu'on apporte, dans son application, de l'ordre et une exactitude rigoureuse. Les heures du repas une fois déterminées, il faut les observer avec une exacte régularité, et donner toujours aux animaux une quantité précise de nourriture qui leur est nécessaire, selon leur état d'engraissement;

3° De bons *fourrages*;

4° Enfin, le *pansage* et des *soins hygiéniques* donnés judicieusement pendant toute la durée de l'engraissement.

Relativement à l'engraissement particulier du porc, on doit l'effectuer dans les conditions suivantes : Le mâle doit avoir été rigoureusement châtré, sans quoi, sa viande conserverait un goût particulier très-désagréable. Le système d'engraissement varie suivant le nombre des animaux à engraisser. Quand il ne s'agit que d'un ou de quelques porcs, dont la chair est consommée par la famille du nourrisseur, ou lorsque l'engraissement n'est qu'une opération agricole liée aux autres opérations de la ferme, il n'exige qu'un redoublement de surveillance et de soins, et une étude comparative de la composition des aliments, afin d'arriver à connaître avec certitude quels sont ceux qui sont les plus profitables.

Quand on veut engraisser un cochon, on le retient continuellement à l'étable, dans l'obscurité et une tranquillité parfaite; de plus, on satisfait amplement à son appétit. On a soin de varier sa nourriture et d'en augmenter graduellement la qualité. On lui donne d'abord des pommes de terre cuites mêlées d'orge concassé; puis, mélangées avec du son et plus tard avec de la farine de seigle. Plus tard encore on emploie la farine d'orge délayée en bouillie avec des eaux grasses et mélangée avec de la farine de seigle. On finit par passer ces farines afin de ne plus donner que la fine fleur. Sur la fin de l'engraissement, on ne donne plus à boire, et on réveille de temps en temps l'appétit de l'animal en lui donnant, chaque jour, deux poignées d'avoine saupoudrée de sel qu'on a fait gonfler en la mouillant légèrement, ou en la tenant dans un lieu humide. L'engraissement doit durer de trois à cinq mois : au bout de ce temps, aussitôt que le porc ne manifeste plus d'appétit, il faut se hâter de le tuer.

Profitant de la disposition qui porte le cochon à préférer la nourriture animale aux aliments végétaux, certains nourrisseurs, convenablement placés, utilisent avec avantage toutes sortes de matières animales, pour l'engraissement des porcs. Ils leur donnent de la viande de cheval cuite ou crue, avec ou sans mélange des matières végétales. C'est une erreur de croire que la chair des porcs nourris avec la viande d'autres animaux est malsaine. Non-seulement la nourriture animale à laquelle on soumet les porcs ne peut exercer aucune action nuisible sur la santé publique, mais lors même que la viande avec laquelle on les nourrit proviendrait d'animaux malades, il ne pourrait en résulter aucun inconvénient.

Il ne faut point donner de vesces aux pourceaux. La malpropreté, le mauvais régime, l'humidité, sont les causes ordinaires des maladies des cochons. On aura donc soin de tenir leur habitation parfaitement propre et bien close ; on l'ouvrira fréquemment et on changera la litière tous les trois ou quatre jours. On y placera une auge pour leur mangeaille et un poteau contre lequel ils puissent se frotter. On les écartera des voiries, des boucheries, des fumiers ; on les empêchera de s'enterrer dans la fange. Enfin, pendant les grandes chaleurs, on ne les sortira point en plein soleil et on les fera baigner fréquemment.

La législation, de son côté, s'est beaucoup occupée de cette espèce d'animaux, avant son engraissement et pendant qu'ils sont dans les premières conditions de l'élevage. Ainsi, ceux qui possèdent des porcs doivent veiller avec soin à ce que ces animaux, très-voraces, ne commettent aucun dégât sur les terres d'autrui ni dans les forêts. Les propriétaires des porcs sont responsables du dommage, et ils répondent aussi des délits de leurs pâtres. Il peut être défendu par l'autorité municipale, pour des raisons de salubrité, de garder des porcs dans l'intérieur d'une ville. Les contrevenants sont passibles d'une amende de 1 à 5 francs.

Nous compléterons ces renseignements sur l'élevage et l'engraissement des porcs, en disant que la truie, ou femelle du porc domestique, est d'une extrême fécondité. Elle fait deux et même trois portées par an, et, quoiqu'elle n'ait que douze mamelles, elle fait jusqu'à dix-sept petits à la fois. Vauban a calculé qu'après dix générations les descendants d'une seule truie pourraient être au nombre de 6,434,838. La durée de la gestation varie entre cent et cent vingt jours. Les jeunes, que l'on désigne sous le nom de *cochonnets*, de *porcelets*, de *gorets*, se sèvrent à l'âge de six semaines. L'époque du sevrage est critique pour eux ; il faut avoir soin alors de leur donner du lait et de la farine, de les faire jouir du grand air, de les préserver de la pluie et du froid, et de les tenir chaudement dans une loge propre et bien aérée.

Les *porcelets* que l'on destine à la charcuterie, et que l'on nomme *cochons de lait*, se portent au marché lorsqu'ils ont de vingt à trente jours.

Le cochon grandit jusqu'à cinq et six ans et peut vivre jusqu'à vingt ans.

Nous ferons remarquer que les plantes nuisibles à cet animal, et qu'il faut éloigner des préparations que l'on fait pour sa nourriture, sont : les pavots, la morelle, la mercuriale et la jusquiame, plantes que le cochon distingue fort bien et refuse de manger quand elles sont crues, mais qu'il ne reconnaît plus après la cuisson, et avec lesquelles il s'empoisonne.

En terminant ces détails de l'engraissement du porc, nous ajouterons que toutes les parties de cet utile animal sont, comme nous le verrons dans un chapitre suivant, livrées à la consommation : la tête, les pieds, les intestins, le sang, etc.; le déchet n'est réellement que de 5 à 6 %. Ses soies elles-mêmes sont recherchées pour la fabrication des brosses, des balais, etc. Un cochon de moyenne taille en fournit à peu près 150 grammes.

Maintenant que nous avons exposé les conditions requises pour l'élevage et l'engraissement du porc, il n'est pas inutile de faire connaître dans quelle proportion sa viande est entrée dans l'approvisionnement et l'alimentation de la capitale.

Dans la période de 1845 à 1852, quarante-deux départements ont envoyé des porcs gras sur les marchés d'approvisionnement de Paris. Les deux principaux départements qui ont fait des envois considérables et hors ligne sont la Sarthe et Maine-et-Loire. Après eux viennent l'Oise, Seine-et-Oise, les Deux-Sèvres, la Seine-Inférieure, l'Indre-et-Loire, l'Orne, le Calvados, le Loiret, la Somme, l'Eure-et-Loir, l'Eure, la Seine, la Mayenne, la Vendée et la Manche.

« Il était de règle autrefois, » dit l'auteur des *Consommations de Paris*, auquel nous empruntons les détails statistiques ci-dessus, « que les charcutiers se rendissent sur les marchés pour acheter le bétail vivant. » Mais depuis un certain nombre d'années, beaucoup d'entre eux ont trouvé plus commode de s'approvisionner, ou du moins de compléter leur approvisionnement au marché des Prouvaires, par l'intermédiaire des charcutiers de Nanterre et de plusieurs entrepreneurs d'abattage, qu'on appelle *gargots*, et dont nous avons parlé plus haut. Ceux-ci apportent sur ce marché des porcs fendus en deux parties et qu'ils vendent en gros à l'amiable : c'est l'équivalent de la vente à la cheville, qui a lieu dans les abattoirs de la boucherie. De plus, à partir de 1849, l'ouverture d'un marché en gros à la criée a permis d'y vendre le porc comme les bestiaux de boucherie. Nous observerons, à ce sujet, que les quantités qui entrent par cette voie dans la consommation sont peu considérables, et, de plus, que la vente à la criée n'est pas fort bien vue par la charcuterie parisienne, non sans raison. Aussi, depuis l'institution de la criée, ces quantités ne se sont élevées, pour chaque année, qu'à un chiffre fort peu important. Le plus fort, pendant la dernière période décennale, a été celui de l'année 1854, qui n'a été que de 221,595 kilogrammes.

Afin que le lecteur puisse avoir une idée à peu près exacte de l'importance de la charcuterie actuelle, nous allons donner quelques détails sommaires sur les divers emplois du porc, en attendant que nous fassions connaître, dans la suite de ce *Traité,* les produits fabriqués avec la chair qui en provient.

Un porc d'un poids moyen de 91 kil. 500 en viande nette, se divise, comme nous l'avons déjà constaté, de la manière suivante :

Lard gras.....................	17 kil.	»
Lard maigre...................	13	500
Porc frais....................	17	
Deux jambons désossés.........	9	»
Viande pour les hachages......	14	500
Quatre jambonneaux............	5	»
Petit salé....................	6	500
Graisse.......................	7	»
Déchet........................	2	»
Total égal........	91 kil.	500
Si l'on ajoute le poids moyen des abats et issues........................	13	»
on obtient pour chaque animal un poids de...............................	104 kil.	500

Le poids moyen de 13 kilogrammes, admis pour les abats et les issues, paraîtra peut-être un peu faible ; mais il y a une déduction de moitié à faire pour obtenir le poids net de la tête, et l'on doit négliger le sang, qui n'est utilisé, pour la confection des boudins, que pendant six mois de l'année. On peut donc adopter comme vrai le poids de 13 kilogrammes, qui sert de base à la perception de l'octroi.

Maintenant, il nous paraît intéressant de faire connaître quelle était la consommation de Paris en viande de porc et en charcuterie aux diverses époques. Cet exposé viendra compléter fort à propos ce que nous avons déjà dit dans la partie ancienne de la charcuterie, qui commence cet ouvrage.

En prenant pour point de départ l'année 1757 jusqu'en 1786, c'est-à-dire pendant une période de vingt-sept années, les documents que l'on possède permettent d'apprécier avec quelque fondement, pour l'une de nos principales denrées, la véritable consommation de la capitale antérieurement à 1789.

Paris a reçu, à ces diverses époques, les quantités ci-après, résultant des moyennes prises sur quatre, six, huit ou neuf années :

De 1757 à 1764....... 33,576 porcs.
De 1766 à 1774....... 32,455 —
De 1777 à 1780....... 38,833 —
De 1781 à 1786...... 40,441 —

Pour la période postérieure à la révolution de 1789, on a les nombres suivants, qu'on peut comparer aux précédents :

De 1789 à 1808............ 52,572 porcs.
De 1809 à 1818............ 70,579 —
De 1819 à 1830............ 84,848 —
De 1831 à 1840............ 83,576 —
De 1841 à 1846............ 89,743 —
De 1847 à 1854 (moins 1848). 37,257 —

On remarquera sans doute l'abaissement subit du chiffre de la dernière période. Il s'explique par cette circonstance qu'avant 1847, époque où le droit d'octroi a commencé à être perçu au kilogramme, les porcs introduits par quartiers, à la destination du marché des Prouvaires, étaient taxés, non comme viande à la main, mais dans la proportion du droit par tête appliqué aux porcs vivants.

A partir de 1847, et notamment depuis l'ouverture des abattoirs municipaux affectés à la charcuterie, il est possible de distinguer les porcs amenés vivants des quantités apportées du dehors après l'abattage.

Nous observerons, dans le relevé suivant, relativement à la charcuterie proprement dite, que l'état de 1781 à 1786 ne mentionne, sous le titre de jambons et saucissons, qu'une évaluation approximative. De 1799, la charcuterie n'était pas imposée; aussi n'a-t-on tenu aucun compte, jusqu'à cette époque, de cet article de consommation. Enfin, les abats et issues de porc n'ont commencé à être taxés qu'en 1847; comme ils étaient introduits ordinairement avec l'animal abattu, sur lequel le droit était perçu par tête, leurs quantités n'étaient l'objet d'aucune constatation. On a donc cru devoir, à raison de l'importance de ces quantités, compléter le tableau de la consommation, en évaluant les abats et les issues sur la base de 20 livres par porc de 1757 à 1786, et de 13 kilogrammes de 1799 à 1846.

Ces explications suffiront pour l'intelligence du tableau suivant :

ÉPOQUES.	POIDS EN VIANDE et graisse.	VIANDE fraiche et graisse apportées de l'extérieur	ABATS ET ISSUES des porcs abattus.	TOTAL des QUANTITÉS.
1757 à 1764...	6,043,680 l.	200,000 l.	671,520 l.	7,115,200 l.
1777 à 1780...	6,989,940	200,000	776,660	8,186,600
1781 à 1786...	7,279,380	240,000	808,820	8,588,700
1799 à 1808...	4,810,292 k.	»	683,436 k.	5,493,228 k.
1819 à 1830...	7,763,592	»	1,103,024	9,509,997
1831 à 1840...	7,649,034	»	1,086,748	9,474,376
1841 à 1846 ..	8,211,484	»	1,166,659	10,580,940
1847 à 1854...	3,420,282	5,175,590 k.	485,603	10,814,199

En appliquant à la population de chaque époque les quantités inscrites dans le tableau précédent, nous trouvons pour la consommation moyenne de chaque habitant les résultats suivants :

Chaque habitant consommait annuellement de viande de porc :

De 1757 à 1764, 6 k. 250 gr.
De 1799 à 1808, 9 k. 149 gr.
De 1819 à 1830, 12 k. 681 gr.
De 1841 à 1846, 10 k. 638 gr.
De 1847 à 1854, 10 k. 267 gr.

Il ressort de ces indications que la consommation de la viande de porc est aujourd'hui plus forte que sous l'ancien régime. Mais si l'on compare la viande de porc à celle de boucherie, cette proportion était bien plus grande sous l'ancien régime que sous le nouveau. Il importe d'observer, d'après les prix de la viande de porc comparés aux diverses époques, et que nous croyons inutile d'insérer ici, que cette viande était d'un tiers moins élevée que de nos jours. Toutefois, cette viande se payait plus cher que celle de boucherie.

Ainsi, en 1761, on avait une livre de bœuf pour 6 sous 1 denier, tandis que le porc valait près de 10 sous la livre, d'après le prix du jambon. Aujourd'hui, l'équilibre se trouve rétabli par l'élévation des prix de la viande de boucherie, qui se révèle dès 1812. Depuis cette époque, si les prix de la viande de porc suivent naturellement les fluctuations qu'on remarque pour les autres denrées, ils se maintiennent fréquemment un peu au-dessus de ceux de la viande de bœuf.

Ces considérations préliminaires exposées, nous allons traiter la question de la charcuterie proprement dite, qui forme la deuxième division de la seconde partie de notre ouvrage.

DEUXIÈME DIVISION.

De la charcuterie proprement dite.

CHAPITRE Iᵉʳ.

Du saignement du porc et de son dépeçage. — Manière de disposer ses différentes parties. — Divers procédés pour le saler et le conserver. — Préparations du cochon de lait.

La manière de tuer le porc n'a guère variée ; elle est la même que l'on pratiquait dans les anciens temps. Comme préliminaires de son égorgement, on ne doit pas faire manger l'animal pendant vingt-quatre heures, afin que ses boyaux soient complétement vides. Quand tous les préparatifs de sa mort sont terminés, on se munit d'une corde pour l'attacher, de linges blancs et de quelques autres ustensiles indispensables, tels qu'une poêle pour recevoir son sang, un seau ou vase pour le contenir, et l'eau nécessaire pour l'échauder et le nettoyer au moyen du grattage, ou bien de la paille pour le brûler.

Tout étant ainsi disposé, le tueur procède alors à son opération. Muni d'un couteau bien aiguisé, il commence par couper les soies de la gorge, et il l'enfonce ensuite fermement sur la veine jugulaire dans la direction du cœur. Il doit éviter surtout de couper le gosier, parce que le sang, agité par l'air et les mouvements de la respiration, rejaillirait en bouillonnements, et augmenterait, de la sorte, les souffrances de l'animal. D'un autre côté, on s'exposerait à ce que le sang pénétrât et se caillât dans la poitrine. Immédiatement après que le tueur a enfoncé son couteau dans la gorge du porc, la personne qui l'assiste doit recevoir le sang qui s'écoule dans la poêle disposée à cet effet, et le vider dans un vase, en ayant soin de le remuer avec ses mains, afin d'en extraire les fibres ou *écaflottes* et l'empêcher de se cailler.

L'habileté du tueur de porcs, acquise par une longue expérience, fait que cette opération est rarement défectueuse. Sa réputation est, au reste, bien acquise et parfaitement établie dans nos campagnes, et surtout dans nos échaudoirs de Paris. Cette habileté consiste, comme on voit, à couper fort adroitement la veine jugulaire de l'animal.

Il est une autre manière de *saigner* le porc, en lui coupant simplement la veine jugulaire, qui enlève à l'animal toutes ses souffrances ; elle consiste, au moyen d'une massue, à lui porter un coup au-dessus de la tête, avant de le saigner. On l'étourdit ainsi en l'empêchant de pousser des cris.

Ces deux diverses manières de saigner les porcs ont été et sont pratiquées dans les différentes parties du globe où cet animal est livré à la consommation et sert à l'alimentation publique.

Après cette première opération, on procède à brûler les soies du porc ou à l'échauder avec de l'eau bouillante. Ces deux moyens sont également employés. Nous n'avons pas à nous prononcer sur lequel des deux il convient de donner la préférence. Toutefois, il nous semble que le *brûlage* offre moins d'inconvénients que l'*échaudage*, qui, par l'effet de l'ébullition de l'eau, expose les chairs du porc à perdre de leurs qualités.

D'un autre côté, il est bon de reconnaître que le museau, les pieds, la queue et les oreilles, qui échappent à l'action du feu, cèdent à leur dépouillement au moyen de l'eau bouillante. Si nous nous en rapportons à l'histoire, nous ferons observer que les Romains nettoyaient les porcs saignés avec l'eau bouillante, de préférence à tout autre procédé (1).

Il est probable que les Gaulois, nos ancêtres, en agissaient de même, puisque cette manière de pelage ou nettoyage s'est conservée encore de nos jours, non-seulement dans les contrées du midi de la France, mais encore en Espagne et dans l'Italie. Il est probable que les Francs, de race germanique, ont apporté dans les contrées du nord de la France la manière de les brûler, qui s'y est conservée jusqu'à nos jours. On sait qu'en Allemagne on n'emploie, pour l'opération du nettoyage des porcs, que le *brûlage*.

Le porc, ainsi préparé extérieurement, on s'occupe à le vider. Sous ce rapport, la manière d'opérer ne diffère que relativement aux parties que le tueur doit entamer. On y procède par devant, après l'avoir préalablement suspendu par les jambes de derrière. Dès que le tueur l'a ouvert, au moyen d'une entaille faite avec son couteau du bas en haut, il enlève successivement le grand sac de l'estomac, les gros boyaux, les intestins, qu'il dépose au fur et à mesure sur un linge blanc. Il ôte ensuite la fressure et le cœur. Quand il est froid, on le dépèce. C'est ainsi qu'on opère ordinairement dans nos campagnes. Relativement à la charcuterie de Paris et des grandes villes, voici quel est le procédé adopté :

On coupe d'abord la tête du porc, suspendu comme il est dit plus haut; on fend son corps en deux. Ceci effectué, on

---

(1) Voir Pline, *Hist. nat.*

sépare les reins de la poitrine; on coupe les jambons et on taille la poitrine prête à être salée. Quant aux jambons, on les dispose et on les apprête suivant l'usage auquel on les destine. Dans cette opération, il reste la tête d'hachage, que l'on utilise d'après les besoins de la charcuterie. Relativement aux reins, on y enlève le porc frais. Dans le cas où les morceaux de lard sont destinés à la salaison, on a soin d'enlever le filet et l'échinée. Lorsqu'on les garde pour fondre ou pour faire des bardes, il convient de laisser l'épaisseur d'un doigt de lard sur le filet, ce qui l'empêche de se dessécher et conserve mieux son jus lorsqu'on le destine à être rôti.

En résumé, le charcutier divise les parties du porc d'après les nécessités du commerce et des préparations qu'il veut en faire.

Il est bon de faire observer que, dans ces diverses opérations, il ne faut pas laver trop abondamment les viandes, parce qu'elles perdent alors de leur fermeté et sont plus difficiles à conserver. Si donc, après le lavage, il reste, à côté de la saignée, des chairs rougies par le sang, ce qui arrive presque toujours, il ne convient pas de continuer ce lavage, mais il faut enlever ces chairs par tranches fort minces et les réserver pour le travail de la charcuterie. Le reste doit être lavé avec soin et précaution, afin qu'il ne demeure aucune trace sanguinolente sur le lard.

Après que le porc est vidé et nettoyé, ce qui exige environ douze heures, et dès que le lard est assez raffermi, ce qui demande à peu près vingt-quatre heures, on procède à sa salaison. A cet effet, on place les parties qu'on veut soumettre à cette opération conservatrice de la viande, soit entre deux planches, soit dans un baquet appelé *saloir*.

Il existe plusieurs procédés de saler le porc; les uns qui, quoique primitifs, ne nous paraissent pas devoir être dédaignés; les autres consistent en deux sortes de salaisons appelées : *salaison liquide* et *salaison sèche*. Nous allons indiquer les unes et les autres d'une manière sommaire.

Lorsqu'on opère par la méthode ancienne, on place les parties du porc que l'on veut conserver dans le *saloir*, qui consiste ordinairement en une tinette élargie par le bas et resserrée par le haut. On y dépose une couche de sel au fond, puis on frotte bien de sel les jambons et les autres morceaux à ce destinés. On remet du sel et successivement après on dispose par couches les autres morceaux du porc jusqu'au dernier. Il est bon de remplir le saloir, de manière qu'il n'y existe point de vides. Pour éviter cet inconvénient et dans le cas où le *saloir* ne serait pas plein, on y met par-dessus une large couche de sel, et l'on recouvre le tout d'une planche qui ferme hermétiquement le saloir. Telle est la méthode ancienne.

Voici comment on opère, à Paris, la salaison du porc :

Les poitrines, les jambons et le lard gras pour piquer, se salent dans des barbantalles en pierre remplies de saumure (sel fondu), où les poitrines et les jambons acquièrent le degré convenable de salaison au bout de dix à douze jours, selon leur grosseur. Il est à remarquer, dans cette opération, qu'il ne suffit pas de bien choisir la viande, mais qu'il faut apporter encore le même soin au choix du sel, d'où dépend la bonté de la viande salée. N'oublions pas que c'est à celui qui provient de la fontaine de Salies que les salages du Bigorre et du Béarn, connus sous le nom de jambons de Bayonne, doivent leur juste et ancienne réputation. Il faut donc que le sel qu'on emploie soit bien épuré et de bonne qualité.

Les principales villes de France, telles que Lyon, Rouen, Nantes, Toulouse, etc., ont aussi des procédés particuliers de salaison, qui tous diffèrent plus ou moins du procédé ancien. Dans quelques-unes, on a adopté la méthode de salaison par les saumures ; dans d'autres, celle de la salaison sèche. Disons, en passant, que la plupart de ces villes font une assez grande consommation de viande de porc. Ainsi, pour n'en citer que quelques exemples :

Metz consomme annuellement, par tête, 13 kil. 284 gr. de viande de porc;

Toulouse, 12 kil. 323 gr., et 2 kil. 421 gr. de charcuterie ;

Nantes, 556 gr., et 8 kil. 551 gr. de charcuterie ;

Chalon-sur-Saône, 16 kil. 93 gr., et 4 kil. 5 gr. de charcuterie ;

Lyon, 8 kil. 68 gr., et 194 gr. de charcuterie.

On voit toute l'importance qui s'attache à la viande de porc salé, sous le rapport de la consommation publique, et l'intérêt qui doit s'attacher encore à l'opération d'une bonne salaison du porc. Nous croyons inutile d'entrer dans les détails des divers autres procédés de salaison, tels que la salaison liquide, dont le mode, adopté à Paris, et que nous avons cité plus haut, est une application, et la salaison sèche, laquelle revient même à l'ancienne méthode que nous avons déjà fait connaître. Nous parlerons moins encore des méthodes diverses de conserver la viande de porc, ni du mode de son desséchement, ni de toutes les inventions qui s'y rapportent; car tous ces procédés ne diffèrent guère du procédé usuel qui nous semble leur être préférable sous tous les rapports. Mais ce qu'il importe, avant tout, pour que la salaison conserve parfaitement la viande et lui donne un bon goût, c'est que la chair elle-même soit d'une bonne qualité et très-fraîche, afin qu'elle ne risque pas de se corrompre.

Quant à la manière de tuer et de disposer le cochon de lait, elle est des plus simples. Après l'avoir saigné, on l'échaude avec de l'eau bouillante, on le gratte pour retirer les soies et on le nettoie avec soin.

Lorsqu'il est ainsi bien nettoyé, on le laisse raffermir pendant douze heures. On le dispose ensuite pour le préparer en cuisine, ainsi que nous l'indiquerons dans un des chapitres suivants.

Nous venons de transcrire les procédés les plus simples pour opérer le salage des porcs. Toutefois, nous ne terminerons point ce chapitre sans mentionner d'autres méthodes qui sont pratiquées dans diverses contrées de la France et même à l'étranger.

Ainsi, dans le nord de la France, le porc fraîchement tué est dépecé, et les morceaux destinés à la salaison sont mis à part, les jambons et les épaules étant ordinairement réservés pour le fumage ; la tête, ainsi que les pieds, le sang et les tripes devant être consommés aussitôt. Avant de saler la viande, on a soin de la laver dans l'eau fraîche ; on l'essuie avec un linge blanc et on la met ensuite dans le saloir. On l'arrange de manière que les morceaux de qualité inférieure occupent le fond, les médiocres viennent ensuite et les meilleurs se placent en dessus ; enfin, les plates-côtes couvrent le tout. On laisse le moins possible d'interstices, on presse le tout avec un poids de 25 à 30 kilogrammes.

On arrange de la sorte les morceaux, en y mettant des clous de girofles concassés, mais pas de poivre qui noircirait la chair. Le porc reste ainsi dans le saloir pendant un mois ou six semaines. Lorsqu'on veut le consommer promptement sur les lieux mêmes de la production, les morceaux sont trempés dans l'eau bouillante, retirés rapidement, nettoyés et séchés ; ensuite on les conserve suspendus dans un endroit bien aéré.

En Allemagne, on a adopté une autre méthode qui consiste à verser sur le porc salé et embarillé, comme à l'ordinaire, une saumure liquide, de manière qu'il en soit entièrement recouvert. Quand les morceaux sont petits, on ne les laisse que de quatre à cinq jours dans cette saumure. Les jambons et les épaules, destinés à être simplement séchés à l'air libre, doivent y rester quinze jours. Pour hâter le séchage des morceaux, on les essuie bien et on en absorbe encore l'humidité avec du son.

Mais pour conserver le lard et les jambons après qu'ils ont été bien préparés et séchés de la sorte, on prend un tonneau ou une caisse suffisamment grande, et on met au fond une épaisse couche de foin. Puis on enveloppe chaque pièce de porc dans de la paille d'orge, en ayant soin de mettre du foin par-dessus; de sorte que chaque pièce se trouve entre deux couches différentes de paille et de foin s'alternant l'une à l'autre On place ensuite le tonneau ainsi disposé dans un lieu sec. Par ce moyen, le porc conserve longtemps son excellent goût, avec toute sa fraîcheur primitive.

Il existe divers autres procédés de salaison qui diffèrent peu les uns des autres ; nous nous bornerons seulement à citer le suivant, qui est pratiqué en Espagne dans plusieurs localités de la Catalogne.

On met sur une table la quantité de sel qui est nécessaire pour la quantité de viande qu'on veut saler (170 grammes de sel pour 500 grammes de chair). On frotte avec soin chaque morceau, de manière que le sel en pénètre bien toutes les parties. Ensuite, on dispose soit un saloir, soit une barrique proprement lessivée et solidement cerclée. On étend d'abord, au fond du saloir ou de la barrique, un lit de sel, et on y place régulièrement des morceaux ainsi frottés. Ce premier lit fait, on saupoudre largement de sel et l'on continue de la même manière jusqu'à la fin de l'opération. On a soin de bien presser chaque morceau pour qu'il n'y ait aucun vide. On couvre le tout avec une planche qui prend exactement le contour de la pièce. Enfin, on met par-dessus, pour presser les chairs, des pierres bien lavées ; on recouvre en dernier lieu le tout d'un linge sortant de la lessive, puis encore d'un couvercle.

Au bout de quinze jours, les Catalans font usage de cette salaison, en ayant soin de retirer avec une fourchette ou un couteau les morceaux dont ils ont besoin. Ils se gardent bien surtout de mettre les mains dans la saumure.

Dans les provinces du midi de la France, quelques charcutiers procèdent de la manière suivante pour la préparation des jambons. En dépeçant le jambon, ils emploient la scie plutôt que le couperet pour enlever les pieds et les jambonneaux. Afin de s'assurer du poids probable de la chair à préparer, ils pèsent un certain nombre de jambons et d'épaules, ils les arrangent ensuite dans le saloir, en les saupoudrant de sel raffiné et de salpêtre et en ayant soin de ne pas mettre les faces plates des grandes pièces les unes sur les autres et de remplir les intervalles de jambonneaux, de hures, etc.

Voici dans quelles proportions ils procèdent à la salaison. Les jambons pesant de 6 à 7 kilogr. restent dans la saumure environ cinq semaines; ceux de 7 à 12 kilogr. six semaines; ceux de 12 à 20 kilogr. sept semaines. En les retirant, ils les plongent dans l'eau froide pendant deux ou trois heures, pour enlever le sel de leur surface; après quoi, ils les essuient et les font sécher promptement.

On verra, au reste, dans un chapitre suivant, comment on procède au séchage et au fumage des jambons.

CHAPITRE II.

Des diverses parties du cochon. — Quelle est leur préparation dans la charcuterie moderne. — Comment les anciens les utilisaient. — Procédés actuels. — Machines à hacher les viandes.

La charcuterie proprement dite s'occupe de la confection d'un très-grand nombre d'articles, dont les uns ont été perfectionnés et les autres datent, comme invention, de l'époque moderne. Nous allons faire connaître les uns et les autres en suivant leur ordre d'ancienneté.

PROCÉDÉ ANCIEN DE FABRICATION DES BOUDINS (ANNÉE 1525).

Les *boudins*, qui sont de deux sortes : le *boudin noir* et le *boudin blanc*, se fabriquaient de la manière suivante dans le moyen âge et probablement à une époque plus reculée :

Le *boudin noir*, qualifié de mets par les anciens, se faisait, dit l'*Encyclopédie philosophique*, « avec le sang du cochon, sa panne et son boyau. Lorsque le boyau était bien lavé, on le remplissait de sang de porc, avec sa panne hachée en morceaux, le tout assaisonné de poivre, de sel et de muscade. On liait le boudin par les deux bouts et on le faisait cuire dans l'eau chaude, observant de le piquer de temps en temps à mesure qu'il se cuisait, de peur qu'il ne s'ouvrît et ne se répandît. Quand il était cuit, on le coupait par morceaux et on le faisait rôtir sur le gril. »

Le *boudin blanc*, ajoute le même ouvrage, « se faisait de volaille rôtie et de panne de porc hachées bien menues, arrosées de lait, saupoudrées de sel et de poivre et mêlées avec du jaune d'œuf. On remplissait de cette espèce de farce le boyau du porc, qu'on faisait cuire ensuite dans l'eau chaude. Quand on voulait le manger, on le rôtissait sur le gril entre deux papiers et on le servait chaud. » (Année 1525.)

La fabrication moderne du boudin *noir* ou *blanc* s'opérait de la manière suivante un siècle plus tard :

Relativement au *boudin noir*, on nettoyait et on lavait d'abord avec soin les boyaux qu'on employait ; puis on mêlait bien le sang du porc, auquel on ajoutait un peu de vinaigre, et on le remuait sans cesse pendant qu'il coulait dans un vase placé sur des cendres chaudes. On hachait finement une douzaine d'oignons qu'on faisait cuire dans du saindoux. Quand ils étaient cuits, on y versait quatre litres de sang, un kilogramme et demi de panne coupée en dés, du persil et de la ciboule hachés, du sel, du poivre, des épices et un litre de crème.

On mêlait bien le tout, de manière que la panne ne restât pas en pelotte. On introduisait ce mélange dans les boyaux, en ayant soin de ne pas trop les remplir de peur qu'ils ne crèvent. Après les avoir ficelés, on les glissait dans une chaudière d'eau presque bouillante et on les maintenait de la sorte sans les faire bouillir, pour les retirer lorsqu'ils commençaient à être fermes ou qu'en les piquant on ne voyait plus sortir de sang. On les égouttait, on les essuyait sur un linge, puis on les laissait refroidir. Lorsqu'on voulait les employer, on les ciselait et on les faisait griller à petit feu.

Quant au *boudin blanc*, nous renvoyons à ce que nous en disons plus loin.

PROCÉDÉ ANCIEN DE FABRICATION DES SAUCISSES
(ANNÉE 1515).

Il existait deux sortes de saucisses : les *rondes*, dites *saucisses de mouton*, et les *plates*, dites *crépinettes*, préparées, les unes comme les autres, avec de la chair de porc ; seulement on employait, pour les premières, des boyaux de mouton, et pour les secondes les crépines ou coiffe de porc frais. Voici l'indication qu'on en a laissée :

On prend un demi-kilogramme de lard pour un kilogramme et demi de chair maigre, qu'il faut choisir sans peaux ni nerfs, et on hache finement en y ajoutant persil et ciboules également hachés, quelques épices, sel, poivre et un peu d'eau, œufs et farine.

Lorsque le mélange de ces divers ingrédients, dont on peut encore relever le goût par l'addition de quelques truffes ou d'un peu de vin de Madère, est bien opéré, on en remplit les boyaux en donnant aux saucisses la forme voulue. On les fait griller pour les servir seules, soit en une purée, soit avec des choux.

Ce fut dans le courant du XVIe siècle que l'on commença à servir dans les repas d'apparat et à la table des rois, les *saucisses de porc*, ainsi qu'il est mentionné dans l'*écriteau d'un banquet* de cette époque, où figurent également le *sanglier aux marrons* et les *andouilles en gelée*.

Quant aux truffes dont il est parlé dans la confection des saucisses, l'usage en remonte vers le XIVe siècle. Déjà, au XVIe siècle, on cuisait les truffes dans du vin blanc ou dans la cendre, enveloppées d'étoupes ou dans l'eau, avec de l'huile, du sel et des plantes aromatiques. Pour les conserver, on les mettait dans du vinaigre ; on les cuisait ensuite dans du beurre avec des épices. On les employa ensuite comme farcie, mais d'une manière bien restreinte. Ce n'est que de nos jours qu'on en a fait un emploi culinaire bien plus intelligent. Au xvi⁰ siècle, les meilleures truffes étaient celles de Franche-Comté, de Saintonge, de Dauphiné, de Bourgogne et de l'Angoumois. On sait que de nos jours ce sont celles du Périgord qui sont les plus estimées dans la cuisine moderne.

On faisait également des saucisses avec de l'ail, lequel sert à relever leur goût.

Nous trouvons dans le *Menagier de Paris* la description de plusieurs grands repas où nous voyons figurer dans le service plusieurs parties de viande de porc, telles que :

Un cochon à côté d'un esturgeon cuit au persil et au vinaigre.

Des saucisses, des cervelas et une hure de sanglier.

Une tarte de farcissure de cochon.

Des andouilles de fressure de porc, d'aignel et de chevrel (chevreau).

Un arboulastre de char (chair) de porc et des pipefarces.

Des sous de porcelet et de mortereul (qui n'était autre que la mortadelle), etc.

Ainsi, comme on voit, la viande de porc était en très-grande renommée pendant le moyen âge.

SAUCISSONS DU XIV⁰ SIÈCLE.

Le procédé dont on se servait au xiv⁰ siècle, pour la confection des saucissons des diverses sortes consistait en une noix de porc que l'on coupait en gros dès après en avoir ôté les parties nerveuses.

Après l'avoir ainsi coupée et épluchée dans une terrine avec 60 grammes environ de salpêtre pulvérisé, 30 grammes de cassonade, une poignée de grain de genièvre, du persil en branches, un oignon coupé en rouelles, une branche de thym, trois ou quatre feuilles de laurier, quelques fragments de basilic, deux gousses d'ail, on couvrait hermétiquement la terrine et on laissait le porc frais dans cet assaisonnement pendant huit jours, en ayant soin de le remuer chaque jour.

Au bout de ce temps, on égouttait la chair qui était bien rouge ; on la pressait dans un linge, après avoir ôté tous les ingrédients, mais en conservant la saumure qui était restée dans la terrine. On hachait et pilait parfaitement la chair, on l'assaisonnait avec des épices préparées et quelques pincées de mignonnette ou de poivre en grains ; on y ajoutait 750 gr. de panne bien fraîche et on coupait à cru en gros dés aussi correctement que possible ; puis, on emplissait les boyaux de cette chair de la longueur qu'on voulait donner aux saucissons.

Enfin, on la pressait fortement à l'aide d'un petit rouleau de bois qu'on faisait entrer dans le boyau, de manière que la chair fût bien compacte et les boyaux bien remplis. Cette opération terminée, on fermait les boyaux à chaque bout par une ficelle. Il arrivait même, selon les localités, qu'on les ficelait d'espace en espace, dans toute leur longueur, et on les laissait pendant trois ou quatre jours dans la saumure mise en réserve. Ensuite on les égouttait, les essuyait, et après les avoir enveloppés dans des feuilles de papier huilé, on les suspendait dans l'intérieur de la cheminée, où ils restaient quelques jours pour se fumer. Quand on les retirait de là, on les débarrassait du papier et on les conservait dans un endroit sec. Ordinairement, on ne les consommait qu'un mois après qu'ils avaient été confectionnés. Dans l'ancienne cuisine, les saucissons de veau ainsi préparés avaient un grand renom.

D'après Taillevent et Platine, on faisait grand cas, à leur époque, c'est-à-dire au XVe et au XVIe siècle, des *hachis et pâtés de porc*, qui n'étaient autres, sous le rapport de la matière, que celle qui entre dans la fabrication du saucisson.

« Le premier soin, dit l'un de ces deux auteurs, est de choisir
« la chair de saucisson de bonne qualité et surtout tendre,

« pour être servi en *hors-d'œuvre;* ensuite, on en prend
« un morceau et on l'émince en tranches fines qu'on arrange
« dans le ravier, en le garnissant à propos d'un peu de
« persil frisé. »

C'est à la *mortadelle* qu'il faut attribuer l'origine du saucisson dont la chair était accommodée non-seulement pour confectionner ce produit renfermé dans un boyau, mais encore pour la fabrication du pâté connu sous le nom de *rissole*, lequel se composait de viande hachée de porc, de veau, de mouton et même de bœuf.

Mais comme nous traitons plus loin de la fabrication du saucisson, nous bornerons ici notre récit relativement à ce qu'elle était dans l'ancien temps.

CERVELAS (XVIe SIÈCLE).

Au XVIe siècle, le *cervelas*, selon l'auteur du *Mémoire pour faire un écriteau* (une carte) *de table*, faisait partie des entremets et se trouvait associé, sur la table, à la hure de sanglier, au jambon de Mayence, aux asperges, aux concombres confits, etc. On confectionnait les *cervelas* avec de la chair à saucisses, hachée moins finement, et dans laquelle on mettait des poivres en grains et aussi quelquefois un peu d'ail. On entonnait cette chair dans des boyaux de veau, qu'on ficelait par les deux bouts. On les fumait ensuite en les laissant suspendus pendant trois ou quatre jours dans le foyer de la cheminée. Quand on voulait les employer, on les faisait cuire tout simplement à l'eau pendant une ou deux heures, après quoi on les servait, comme nous avons vu, en entremets; plus tard, on les fit servir d'accompagnement à des garnitures de choux et de choucroûte.

Ce que nous avons dit des saucisses et des saucissons, au

point de vue de l'histoire, se rapporte aux *cervelas*, dont il se faisait une très-grande consommation sur les tables des grands seigneurs du moyen âge. Le *Menagier de Paris* leur donne un rang distingué dans le service des festins qui avaient lieu à son époque. C'est ainsi que le *cervelas* figurait à côté de la *langue de bœuf fumée*.

ANDOUILLES (XVIe SIÈCLE).

Le même auteur du *Mémoire pour un écriteau pour un banquet*, qui écrivait vers le XVIe siècle, place les *andouilles de gelée* avec le *sanglier aux marrons* et le *pourcelet farci* au rang des premiers mets qu'on servait sur les tables des grands seigneurs de son temps.

L'*andouille* proprement dite se composait d'un hachis de fraises de veau, de panne, de chair de porc, entonné dans un boyau avec des épices, des fines herbes et autres assaisonnements propres à rendre ces viandes de haut goût.

Pour la confection des andouilles de cochon, on prenait de gros boyaux coupés par les deux bouts et on les faisait tremper pendant un jour ou deux ; on les lavait ensuite et on les faisait blanchir dans de l'eau, où l'on mettait de l'oignon et du vin blanc ; on les jetait enfin dans une autre eau fraîche, après quoi on coupait les boyaux de la longueur des andouilles que l'on confectionnait ; on prenait du ventre de cochon (le ratis) dont on avait ôté le gras, et après en avoir coupé des lisières de la longueur des boyaux, on les y insérait dedans le plus fortement possible, et les *andouilles* étaient confectionnées.

En dernière analyse, on les faisait cuire dans un pot bien bouché, sur un feu modéré. Quand elles commençaient à rendre leur suc, on y jetait un peu d'eau, de l'oignon, des clous de girofle, deux verres de vin blanc, du sel, du poivre, et on les laissait achever leur cuisson dans cette préparation.

Nous ferons observer que dans l'ancienne cuisine on faisait des andouilles non-seulement avec des boyaux de porc, mais encore avec ceux de mouton et d'aignel (agneau). Nous avons singulièrement modifié la confection de ce genre de comestible.

Quant aux procédés de fabrication usités par nos ancêtres, ils diffèrent des nôtres de toute la distance qui sépare le travail manuel du travail mécanique. Ainsi, le hachage de la viande ne s'effectuait qu'à la main ; nous employons les machines qui, sous le rapport de l'économie du temps et de la perfection du travail, ne laissent rien à désirer. L'entonnage des viandes s'exécutait aussi à la main et offrait de très-grands inconvénients ; aujourd'hui, nous avons des machines pour l'entonnage des chairs, lesquelles nous permettent d'accomplir en une heure ce que le travail à la main d'une ménagère ne faisait pas dans une journée.

Ainsi nous avons, dans notre fabrication moderne, un avantage incontestable sur celle de nos ancêtres, ce qui explique comment la charcuterie actuelle a pu arriver, en moins d'un demi-siècle, à ce degré de perfection qui en fait un art par excellence.

Nous indiquerons à la fin de cet ouvrage, dans un chapitre spécial, quelles sont les machines à hacher et à entonner dont se sert le charcutier, et d'après quels principes elles ont été construites en vue d'économiser le temps et d'exécuter un travail régulier et parfait.

Maintenant que nous avons fait connaître les produits ordinaires de la charcuterie ancienne, nous allons entrer dans les détails de la fabrication de ceux qui concernent la charcuterie moderne.

CHAPITRE III.

Divers produits de la charcuterie moderne. — Chair à saucisses. — Saucisses et saucissons divers. — Boudins noirs et blancs. — Diverses espèces de jambons. — Jambonneaux et jambons de sanglier.

1°

Chair à saucisses.

On prend généralement pour faire la *chair à saucisses*, le collier, la tête d'hachage et la gorge du porc, dont on a eu soin de dénerver préalablement la chair maigre, en mélangeant les parties de gras avec les parties de maigre. Sa préparation s'exécute dans la proportion suivante: pour 5 kil. de chair, on prend 100 grammes de sel fin et une demi-cuillerée de poivre et autant de quatre épices fines. Cet assaisonnement devra être employé au commencement de l'hachage, qui s'effectue, soit au couteau, soit à la mécanique. Lorsque cet assaisonnement se trouvera bien mélangé et fondu dans la chair, on devra la hacher bien fin, selon son goût et les habitudes du travail particulier.

Les quatre épices, qui entrent dans la préparation de la chair à saucisses, consistent dans les mélanges suivants :

La vraie méthode pour obtenir les quatre épices, se compose de la fusion suivante, en prenant, pour les proportions, un total de 500 grammes :

350 gr. de piment de la Jamaïque ;
50 gr. de muscade ;
50 gr. de clous de girofle ;
50 gr. de cannelle.

Ces quatre éléments ou épices doivent être bien mélangés et servent, de la sorte, à nos divers assaisonnements ; on ajoute, si l'on veut, dans cette quantité de 500 gr. des quatre épices :

10 gr. de thym ;
10 gr. de laurier ;
10 gr. de marjolaine ;
10 gr. de romarin.

On fait dessécher, dans l'étuve, ces quatre aromates, et lorsqu'elles sont arrivées à leur degré de dessication, on les pile en les mélangeant dans un mortier et on les passe dans un tamis couvert. Ainsi triturées, on mélange ces aromates aux quatre épices.

Quant au bouquet garni, c'est un assemblage de persil, de thym et de laurier. Il est d'un emploi général dans toutes nos cuissons. Mais les aromates naturels proprement dits se composent de carottes, persil, oignons, ail et panais. Ces légumes sont excellents pour les préparations culinaires et donnent un bon goût aux bouillons.

2°

Saucisses plates et longues.

On confectionne ordinairement les *saucisses plates*, dites *crépinettes*, avec la chair à saucisses. Pour cela, on les roule de la grosseur qu'on veut leur donner, en les enveloppant dans la crépine ou *coiffe* du porc. Puis on les aplatit un peu en long. Comme ces saucisses ne se vendent que 10 centimes dans le commerce, leur grosseur doit être en rapport avec le prix marchand.

Les petites *saucisses longues*, qui ne diffèrent des précédentes que par leur forme, se confectionnent également avec de la chair à saucisses, insérée dans des boyaux de mouton. A cet effet, on l'entonne dans ces boyaux soit au cornet à poussée, soit à la mécanique Tussaud ou Maréchal. Afin de leur donner leur forme ronde, on devra les tourner sans les attacher.

On fait cuire les saucisses plates et longues, pour le service de la table, soit sur le gril, soit dans la poêle, avec du beurre ou de la bonne graisse de rôti. Elles sont très-bonnes encore cuites avec des choux.

3°

Saucisse allemande fumée. — Cervelas.

Pour la confection de la *saucisse allemande*, on prend l'épaule, la tête d'hachage ou les débris du triage des saucissons et même de la chair à saucisses. Dans le premier cas, on fait choix du gras et maigre, que l'on hache assez menu. L'assaisonnement s'exécute dans les proportions suivantes :

Pour 7 kilogrammes de viande, on emploie 250 grammes de sel fin. On ajoute ensuite à ce mélange une cuillerée de poivre et autant des quatre épices. Puis on manie le tout ensemble, jusqu'à ce que la liaison de la chair et de l'assaisonnement se soit bien formée. On entonne ensuite cette chair, ainsi préparée, dans un boyau de porc ; on la tourne enfin en lui donnant la longueur qui doit être en rapport avec le prix de la vente qu'on lui assigne.

Le *cervelas* ordinaire se confectionne avec la même chair, dont la moitié est à l'ail et l'autre moitié sans ail. On l'entonne ordinairement dans le gros boyau du bœuf, que l'on fait disposer de manière à le rétrécir et à lui donner la grosseur convenable. Ainsi préparés, les *cervelas* sont séparés et attachés par une ficelle au nombre de six. Ils sont placés ensuite, ainsi que les *saucisses allemandes*, dans le fumoir, d'où il convient de ne les faire sortir que lorsqu'ils ont acquis une belle couleur fumée.

La cuisson de la *saucisse allemande* s'effectue dans du bouillon, où elle ne doit séjourner que de dix à quinze minutes ; on peut également la faire griller. Quant au *cervelas*, il se fait cuire dans du bouillon pendant vingt-cinq minutes environ.

4°

Saucisson ordinaire de Paris.

Une des conditions essentielles pour confectionner le *saucisson ordinaire* de Paris, est que la chair de porc employée soit tendre et de la première qualité. Les porcs de choix qui donnent ces chairs sont préférables à tous autres, car tous leurs membres sont tendres, moelleux et bons. Il convient de dénerver ensuite les chairs, en réunissant ensemble plus de maigre que de gras. Quant à l'assaisonnement, pour 12 kilogrammes de chair, on emploiera 500 grammes de sel, 32 grammes de poivre, 25 grammes des quatre épices, 8 grammes de sucre blanc et 15 grammes de poivre en grains. Le

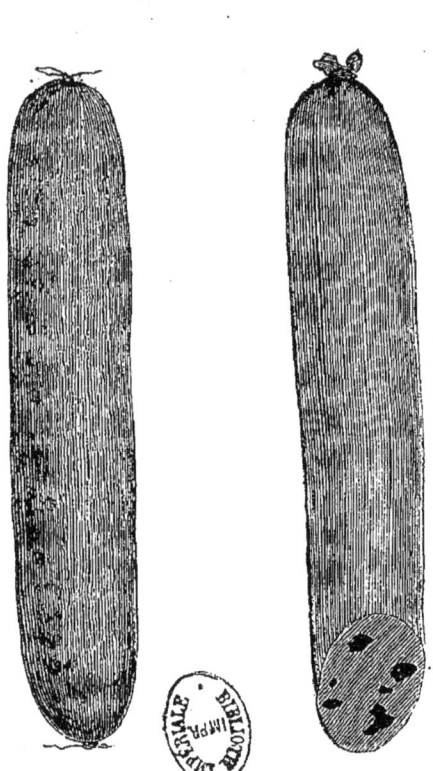

Saucisson ordinaire.   Saucisson impérial.

mélange opéré, on hache les chairs, soit au couteau sur l'étal en bois, debout, ou bien à la mécanique. Mais je donne la préférence au travail effectué par le couteau.

Lorsque les chairs sont à moitié hachées, on y jette l'assaisonnement que je viens d'indiquer, ayant soin, dès qu'on a fini de les hacher, de les manier pendant dix minutes, afin que les chairs soient bien liées. Ce travail terminé, on les entonne, soit au cornet, soit à la mécanique, dans des boyaux de bœuf disposés pour recevoir les chairs. En dernière analyse, on les ficelle et on les attache aux deux bouts, deux par deux; on les accroche enfin au fumoir, où les saucissons restent jusqu'à ce qu'ils aient pris une belle couleur de fumée.

La cuisson du saucisson s'effectue de la manière suivante :

En général, les charcutiers ont un bouillon destiné à cet usage et qui sert tous les jours. Sa préparation et sa conservation sont donc très-précieuses pour effectuer le travail de la cuisson. On doit d'abord, avant de l'insérer dans le liquide gras, piquer le saucisson, afin d'empêcher que l'ébullition ne le fasse crever. Il doit y bouillir environ quarante ou cinquante minutes. On termine le travail en les laissant tremper à froid dans le bouillon pendant vingt ou trente minutes; après quoi on les retire, en ayant soin de les placer sur un linge bien blanc, afin qu'ils puissent égoutter et se sécher à l'aise.

Voici une manière de cuisson qui est encore généralement adoptée, et qui nous paraît préférable à la précédente :

Plongez à froid dans le bouillon les saucissons destinés à cuire; placez une marmite sur le feu et laissez dépouiller le bouillon; écumez-le bien, afin qu'il soit très-clair. Cinq minutes après qu'il est en ébullition, retirez de la marmite les saucissons et déposez-les sur un bassin creux; piquez les ensuite; finissez-les de cuire dans le bouillon pendant trente à quarante minutes. Après ce temps, enlevez la marmite où vous les laissez tremper pendant vingt minutes. Retirez-les ensuite et laissez-les sécher à l'air, puis frottez-les pour leur donner du brillant et livrez-les de suite à la vente. On aura soin d'utiliser le jus qui est sorti des saucissons et resté sur le bassin, car ce jus peut être utilisé dans les côtelettes à la sauce.

La *mortadelle commune* se confectionne avec la même chair du saucisson ordinaire, et ne diffère point de ce dernier produit, si ce n'est que la chair s'entonne dans une baudruche de bœuf. On lui donne le poids de 2 à 5 kilog., et on la fait fumer de la même manière. Ce qui la fait différer du saucisson, c'est qu'elle est ficelée et serrée comme le saucisson de Lyon et qu'on la soumet à la cuisson vingt minutes de plus que ce dernier produit.

Nous observerons, pour le saucisson, que si on désire l'avoir à l'ail, il convient d'ajouter à la chair une gousse de cet apéritif, haché très-menu, et cela par 5 kilog. de chair. On devra la manier ensuite avec la chair, de façon à ce que le mélange s'effectue complétement et dans toutes ses parties.

5°

Saucisson aux truffes et aux pistaches.

Le *saucisson truffé* est confectionné avec la même chair que le saucisson ordinaire, et cela dans la proportion suivante :

Ainsi, pour 5 kilog. de chair, on emploie 100 gr. de pistaches épluchées, 500 gr. de bonnes truffes pelées et coupées par petits dés assez menu. On mêle ensemble la truffe et la pistache à la chair, avec la précaution de ne pas écraser la truffe et de laisser les petits dés dans la forme qu'on leur a donnée. On les insère ensuite dans un boyau de bœuf, ou bien dans un fuseau de porc. On termine l'opération en les attachant avec une ficelle, en ayant soin de les séparer. On les

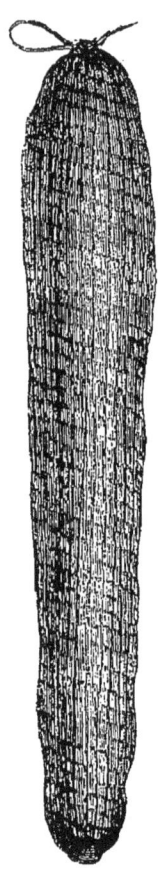 

Saucisson entier.   Saucisson coupé.

Saucisson de Lyon.

fait fumer ensuite et on les soumet enfin à la même cuisson que le saucisson de Paris.

6°

Saucisson impérial de foie gras aux truffes et aux pistaches.

Pour confectionner ce saucisson, on opère de la manière suivante :

Pour 6 kilogrammes de ce saucisson, il convient d'abord de dénerver et de trier avec soin 2 kilogrammes de maigre de chair de porc ou de veau ; y ajouter 500 grammes de jambon de Bayonne cru, 1 kilogramme de lard frais. On hache bien menu le tout ensemble, en commençant par la mécanique et en finissant dans le mortier. On ajoute après, dans le mortier, 500 grammes de foie gras, trois ou quatre jaunes d'œuf, avec 125 grammes de sel fin, poivre blanc et quatre épices. On y ajoute de plus un petit verre de bon curaçao. Les chairs doivent être pilées bien fin.

Dès que la farce se trouve parfaitement liée, on y ajoute 2 kilogrammes de foie gras coupé par gros dés, 500 grammes de truffes brossées et épluchées, coupées par petits dés ; 100 grammes de pistache épluchée ; cela fait, on manie le tout ensemble dans le mortier et avec beaucoup de précautions, pour ne pas écraser les morceaux de foie gras ; on entonne le tout dans un fuseau de porc. On ficelle et on attache en séparant les saucissons. Enfin, on laisse sécher pendant vingt-quatre heures avant la cuisson.

Cette cuisson s'exécute avec un grand soin. Il convient d'abord d'avoir un excellent bouillon dans lequel on plonge à froid tous les saucissons qui ont été fabriqués. Puis, on procède à la cuisson en chauffant le bouillon jusqu'à son écume. Alors, ayant enlevé cette écume à la première ébullition, on sort la marmite de dessus le feu et on laisse les saucissons refroidir dans le bouillon. On les retire enfin de leur jus, on les frotte avec soin et on les accroche exposés à l'air. Le *saucisson de foie gras* confectionné de la sorte doit se conserver cuit de cette façon, mais il ne se conserverait pas cru.

7°

Saucisson de Lyon.

Le *saucisson de Lyon*, qui jouit, dans le monde gastronomique, d'une réputation justement méritée, se fabrique avec la seule chair de porc, avec la partie appelée le jambon. Toutes les qualités de jambons sont propres à sa confection. Il convient que la chair de celui qui est employé soit bien dénervée et surtout bien dégraissée.

En opérant, par exemple, sur 10 kilogrammes de cette chair, on la hache au couteau ou à la mécanique, ou l'on peut la piler dans un mortier, de manière à ce que les chairs soient très-fines. On y ajoute l'assaisonnement suivant, à moitié haché : 500 grammes de sel blanc, 30 grammes de poivre, 20 grammes des quatre épices, 5 grammes de sucre en poudre, 15 grammes de poivre en grains et deux petits verres de curaçao. Puis, on sort la pâte de la mécanique et on la place sur une avance bien blanche, qu'on aura eu soin de frotter avec une gousse d'ail ; on manie le tout enfin pendant quinze minutes.

Ce travail effectué, on coupe 1 kil. 500 grammes de lard par petits carrés fins, on les ajoute à la pâte que l'on manie avec la chair de nouveau pendant quinze minutes.

Dès que la pâte est bien liée dans ces conditions, on apprête huit à douze fuseaux à rosette, en les épongeant avec soin dans un linge blanc, et l'on insère le tout dans ces boyaux.

Il importe d'observer qu'il est essentiel que le saucisson soit bien serré et bien ferme, et qu'on l'ait piqué avec soin, afin d'en extraire l'air renfermé dans l'intérieur de la pâte. S'il en restait, on s'exposerait à ce qu'il se gâtât en séchant.

Le *saucisson de Lyon* doit être soigneusement attaché par les deux bouts, en formant une tête sur la rosette. En définitive, on l'expose à l'air. Aussi, la pièce la mieux aérée est-elle la plus convenable pour le faire sécher. Ce n'est que quatre jours après sa fabrication qu'il convient de le ficeler. Il devra, en outre, rester de cinq à six mois exposé à l'air, avant d'être livré à la consommation.

8°

Saucisson d'Arles.

Ce saucisson, qui est aussi renommé que celui de Lyon et qui se distingue au goût par sa délicatesse, acquiert sa propriété par sa fabrication dans le pays dont il porte le nom. Il doit sa qualité au climat et aux autres conditions qui tiennent à la localité. Quoi qu'il en soit, on le fabrique à Paris avec les mêmes procédés que le saucisson ordinaire. On hache la chair plus menue et on l'entonne dans des boyaux de gros de bœuf. Il doit sécher pendant cinq à six mois et se manger cru. Dans le pays, on le fabrique en ajoutant un quart de chair de bœuf sur trois quarts de chair de porc.

La chair du bœuf doit être pilée très-fin et maniée ensuite avec la chair de porc.

9°

Saucisson de Strasbourg.

Le *saucisson de Strasbourg* se fabrique avec moitié de porc maigre et moitié de maigre de bœuf. Le lard est haché à part, et l'on mélange et manie le tout ensemble. On y ajoute l'assaisonnement ordinaire employé pour les autres saucissons. Ce qui le fait différer de la fabrication de ces derniers, c'est qu'on ajoute un litre d'eau par 5 kilogr. de chair. On l'entonne dans le gros du bœuf et on le fait fumer à la manière ordinaire. (*Voyez plus loin le fumage allemand.*)

Quant à sa cuisson, elle s'effectue en dix minutes, après laquelle on le laisse dans le bouillon pendant vingt minutes en refroidissant. Il doit être mangé frais, car il perd de sa qualité peu de jours après sa cuisson.

Les *saucisses fumées* de Strasbourg se préparent de la même manière, avec cette différence que la chair est hachée plus menue et qu'on l'entonne dans des boyaux de porc. On les roule et on les enfume ensuite.

Pour les faire cuire, il faut les jeter pendant cinq minutes dans un bouillon ou simplement dans de l'eau bouillante. On peut également les faire griller; elles sont excellentes cuites dans le potage.

10°

Saucisse de Francfort.

Cette saucisse est très-délicate; elle se confectionne avec la chair à saucisses un peu plus grosse qu'à l'ordinaire; l'assaisonnement est aussi le même. On ajoute seulement, pour 12 kilogrammes de chair, un litre d'eau. On bat et on manie avec soin la chair sur l'avance, pendant dix minutes; on l'entonne dans des boyaux de porc, on la tourne et on la fait enfumer jusqu'à ce qu'elle ait acquis une belle couleur jaune. La *saucisse de Francfort* se fume au troisième étage de la maison où elle est fabriquée, dans une chambre disposée en forme de fumoir.

Ainsi fumées, on les enveloppe deux par deux dans un papier coupé en carré, de la longueur des saucisses. Disposées de la sorte, on les place les unes à côté des autres, sur une table, et on les charge d'une planche pour les presser, de manière à leur donner leur forme carrée. On peut les faire cuire à l'eau et même les griller pour les livrer à la consommation.

Ce genre de saucisse s'exporte au loin et elle est fort appréciée, surtout dans la Russie.

11°

Saucisson de Brunswik.

Le *saucisson de Brunswick* est très-estimé dans toute l'Allemrgne, où il s'en fait une très-grande consommation. On le fabrique avec la chair de porc, moitié maigre et moitié gras, que l'on a soin de hacher séparément; on manie ensuite cette chair avec de l'eau que l'on y mélange selon la quantité qu'on veut fabriquer. Il s'entonne dans des fuseaux de porc et il est fumé avec des herbes odoriférantes du pays. On le fait ensuite sécher et il se mange cuit et cru lorsqu'il est séché. La propriété qui le distingue est redevable aux herbes et au climat où il se produit. Son goût exceptionnel est excellent.

12°

Saucisson Mortadelle et de Bologne.

Le *saucisson de Bologne* est fabriqué de la même manière que le *saucisson de Lyon* dont nous avons parlé ci-dessus. Il n'existe donc entre eux d'autre différence que celle d'un goût plus prononcé en faveur du saucisson de Bologne, goût qu'il ne doit qu'au climat et aux conditions particulières où sont engraissés les porcs du pays. J'ajouterai que sa fabrication est ordinairement mal faite, mais les chairs sont exquises de finesse.

La *mortadelle de Bologne* est l'ancien saucisson, celui qui date du moyen âge, c'est-à-dire de l'époque primitive de ce genre de fabrication. Aussi était-elle fort estimée des anciens. Elle se fabrique de la même manière que le saucisson de Bologne et avec les mêmes chairs de porcs qui appartiennent à la race croisée dont il a été question dans la première division de cette seconde partie de l'ouvrage. Ce sont les chairs de ces porcs du pays qui donnent à la *mortadelle*, séchée d'après un degré convenable, cette fraîcheur et cette qualité qui la rendent si appréciable sur nos tables aristocratiques. Aussi croyons-nous pouvoir affirmer que son ancienne réputation, conservée jusqu'à nos jours, n'est pas encore exposée à se perdre dans le commerce à venir de la charcuterie.

13°

Boudin noir de table ou de Nancy.

On prend un litre d'oignon qu'on hache très-menu. On met ensuite dans une casserole 125 grammes de beurre ou

de graisse de rôti et l'on fait cuire à petit feu, pendant deux heures. Ajoutez, au moment de fabriquer, dans l'oignon, quatre pommes de reinette cuites en marmelade ; 10 centilitres de lait, du persil et du cerfeuil, deux œufs, un petit verre de bon cognac, du sel, du poivre et des quatre épices. On fait chauffer le tout ensemble pendant cinq minutes, en ayant soin de le remuer, afin que rien du contenu ne s'attache au fond de la casserole. Puis on coupe, par petits dés assez fins, un kilogramme de panne la plus fraîche possible que l'on ajoutera dans la casserole avec un litre de sang ; on chauffe et l'on manie bien le tout ensemble ; on l'entonne enfin dans des boyaux que l'on tourne de la grosseur qu'on veut donner aux boudins, d'après le prix fixé à leur vente. Généralement le morceau de ce *boudin noir* se vend de 30 à 50 centimes, dans le commerce de la charcuterie.

Pendant que s'exécute la fabrication de ces boudins, on met une marmite d'eau sur le feu jusqu'à ce qu'elle arrive à l'ébullition complète. On les y jette aussitôt, en les y laissant de quinze à vingt minutes, ayant soin de veiller à ce qu'ils ne crèvent pas. On reconnaît que la cuisson est complète lorsque, en les pressant sous les doigts, ils restent fermes. Il convient, à cet instant, de les retirer de la marmite avec beaucoup de précaution, si l'on ne veut pas s'exposer à ce qu'ils se cassent ou se brisent. Les boudins fabriqués dans ces conditions sont excellents et d'une qualité supérieure.

Je ferai remarquer que le *boudin noir* de table doit être grillé sur un feu vif pour qu'il soit croustillant au manger. On peut également le faire cuire dans la poêle en y ajoutant un peu de beurre ou de la graisse.

14°

Boudins de brasse ordinaires.

Pour la fabrication du *boudin ordinaire*, il convient de hacher deux litres d'oignons pour une saignée de porc, qu'il faut faire cuire à demi. Deux kilogrammes de graisse de fonte que l'on nomme *créton*, suffisent pour les y additionner. On assaisonne le tout de sel, de poivre, de quatre épices, de cerfeuil et de persil. On chauffe et on manie le tout ensemble. Cette opération terminée, on entonne dans des boyaux menus de porc, auxquels on maintient la longueur d'une brasse ; ce qui leur a fait donner, par les gens du métier, la dénomination de *boudins de brasse*. Le reste du travail s'exécute comme pour les boudins de table dont nous venons de parler.

15°

Boudins à la Richelieu.

Pour confectionner ces boudins qui sont fort appréciés sur les tables aristocratiques, on choisit d'abord les filets d'une volaille bien dénervée ; on y ajoute cent vingt-cinq grammes de lard très frais et l'on pile le tout très-fin dans un mortier. On y met, ensuite, trois jaunes d'œufs, cent grammes de foie gras et cinquante grammes de bon beurre. On assaisonne le tout de sel, poivre et des quatre épices. On pile le tout ensemble jusqu'à ce que la farce soit bien liée et ferme. On hache, ensuite, très fin, cent grammes de truffes que l'on y mêle. On roule cette farce de la longueur de quinze centi-

Boudin blanc du Mans.

mètres; on l'enveloppe, enfin, dans la crépine, en lui donnant une forme longue et carrée, après les avoir panées avec la chapelure blanche. Pour le servir à table, il convient de le faire griller doucement et avec précaution.

16°

Boudin blanc de volaille à la parisienne.

On prend la chair d'un poulet désossé ou l'estomac d'un dindon gras. A défaut de volaille, on choisit un kilogramme de veau qu'on a eu préalablement le soin de bien dénerver. On ajoute ensuite deux cent cinquante grammes de lard très frais; et l'on pile le tout dans un mortier. Ceci exécuté, on le met dans une terrine ou vase quelconque en y ajoutant du sel et du poivre blanc, la moitié d'un petit oignon haché très-fin, dix à douze blancs d'œufs et deux jaunes d'œufs seulement. On manie le tout ensemble jusqu'à ce que la liaison soit complète. Pendant que ce travail s'effectue, on fait bouillir deux litres de lait dans lequel on ajoute une feuille de laurier et une petit bouquet de persil. On verse par petites quantités le lait chaud dans la terrine où se trouve la farce et on mélange avec soin le tout ensemble jusqu'à ce qu'il soit arrivé à un état liquide assez convenable pour qu'on puisse l'entonner dans le boyau. Tournez-le ensuite par bouts et faite-le cuire comme le boudin noir.

Le *boudin truffé* s'exécute de la même manière que le *boudin blanc* de volaille. On hache très-fin et en long les truffes qu'on veut y ajouter et que l'on mêle avant de l'entonner. Là consiste toute la différence de ces deux sortes de boudins blancs.

17°

Boudin du Mans.

Le *boudin du Mans* jouit, dans le départment de la Sarthe, d'une réputation justement méritée. La maison Lassaussait l'inventa, au commencement du XVIII° siècle. Le maison Joseph, rue de la Perle, dans la ville du Mans, possède aujourd'hui l'ancienne tradition et en a conservé la renommée.

Il se confectionne de la manière suivante. Pour 5 kilogr. de ce boudin, on prend 1 kilogr. 500 gr. de maigre de porc bien dégraissé et dénervé; on les pile très-fin, soit au mortier, soit avec une batte sur un étal; on hache, comme on le ferait pour de la grosse chair, 3 kilogr. 500 gr. de lard frais, que l'on place dans une bassine. La chair pilée et le lard hachée, on prend 1 litre de lait, puis un petit oignon haché très-menu mêlé avec du persil; on ajoute ensuite dans la bassine 6 œufs, 125 gr, de sel et poivre et quatre-épices, le tout lié ensemble; on y verse doucement le lait froid et l'on manie bien jusqu'à ce que la liaison soit complète. On entonne enfin dans du menu de porc, soit à la mécanique, soit au cornet, en le poussant de la longueur d'une brasse.

Ce boudin se vend, au Mans, 1 fr. 40 la livre, et à Paris 1 fr. 60. Sa cuisson s'effectue de la même manière que celle du boudin noir. Il se mange indistinctement grillé ou à la poêle.

A ces produits ordinaires de la charcuterie moderne, il convient d'en ajouter d'autres qui ont une plus grande importance dans l'alimentation; nous voulons parler des jambons, qui ont eu, dans les anciens temps, une haute réputa-

Jambon de Reims.

tion conservée jusqu'à nos jours. Voici la manière de les préparer en charcuterie. Nous dirons plus loin quelle est celle de les confectionner par la salaison et le fumage.

18°

Jambon blanc de Paris.

C'est le jambon le plus commun et celui qui, sans autre apprêt que d'être désossé et salé pendant huit à dix jours, possède une bonne qualité. On le lie avec une grosse ficelle pour le comprimer et le resserrer avant de le faire cuire. Cette cuisson se fait dans un bouillon coupé, dans lequel entrent du laurier, des carottes et des oignons ; elle dure deux heures ; après quoi on retire la marmite de dessus le feu, en y laissant les jambons pendant une heure encore ; on les retire enfin du bouillon pour les placer dans une terrine de fer étamé que l'on remplit de bouillon, et on les met ensuite en presse. On les laisse ainsi refroidir.

19°

Jambon de Reims.

Composé seulement de la noix du jambon ou d'épaule entourée de gras, ce produit de la charcuterie de la ville de Reims est très-délicat et très-fin ; il jouit à Paris d'une grande réputation. Ce jambon ne doit être salé que pendant quatre ou cinq jours au plus. Pour le préparer, on le fait cuire dans un fort bouillon bien aromatisé l'espace de quatre heures ; après quoi, on le retire bien chaud, en le saupoudrant de quatre-épices à l'intérieur ; puis on l'insère dans le moule en le remplissant, et on le presse au moyen de 5 kilog. que l'on place dessus. Quand le jambon ainsi préparé est refroidi, on le graisse et on le passe à la chapelure rouge.

20°

Jambon de Lorraine.

On sale le jambon de Lorraine en hiver, et on le fait sécher au plafond des habitations. Lorsqu'il est bien sec, on l'enserre dans les cendres, où il se conserve très-bien et y acquiert même un bon goût. Il se fait cuire et on le désosse comme le jambon de Bayonne. Dans la Bourgogne et le Morvan, on conserve le jambon de la même manière.

21°

Jambonneau.

Le jambonneau avec l'os doit être salé l'espace de six à huit jours. On le fait cuire comme le jambon blanc. Cette cuisson doit durer de une heure et demie à deux heures. On le fait ensuite refroidir dans une bassine avec son jus. On connaît la grande consommation qu'on en fait à Paris. Aussi la fabrication en est-elle bien perfectionnée et faite avec soin.

22°

Jambon de Bayonne.

Le jambon de Bayonne est très-délicat, fin, et a la réputation d'être le meilleur jambon du monde. C'est, du reste, mon opinion. Il possède le bon goût que lui donne le climat des Pyrénées, et c'est là une qualité qui n'est pas à dédaigner en fait de comestibles. La maison Léon Ides Lafargue d'Orthez, (Basses-Pyrénées), a acquis dans cette fabrication une haute-importance, surtout pour le fumet qu'elle donne à ses produits. Ce jambon est salé en hiver et livré au commerce vers Pâques. On le fait cuire pendant quatre heures, puis on le laisse encore pendant une heure dans son bouillon pour l'attendrir. Dès qu'il est désossé, on le place dans une serviette et on le presse ensuite dans une terrine, où il séjourne avec son jus.

Il se fait un très-grand commerce à Paris du jambon de Bayonne. Outre les quantités qu'en vendent les charcutiers et les marchands de comestibles, l'exportation qui s'en fait annuellement s'élève jusqu'à 7,000 kilogrammes. Ce n'est pas encore là tout son grand débit.

23°

Jambon d'York.

Le jambon d'York possède aussi une grande réputation, qui est d'une date toute récente. Il y vingt-cinq ou trente ans qu'il n'était pas encore connu en France. Il faut le faire cuire pendant deux heures et le couper avec l'os par lames très-minces. La finesse de la chair de ce produit disparaît, en grande partie, sous la quantité exagérée de gras qu'il renferme; ce qui, n'étant pas toujours dans le goût français, lui fait préférer le jambon de Bayonne.

24°

Jambon allemand ou de Hambourg.

Ce jambon, qui est très-peu fumé, est généralement tendre

et peu salé. Il se fait cuire comme le jambon anglais et est refroidi avec l'os. Aussi une grande quantité de ces jambons se vendent-ils comme s'ils étaient des jambons d'York. Il existe néanmoins entre eux, sous le rapport du goût, une très-grande différence. Ces deux sortes de jambons ne figurent ni sur nos marchés, ni dans nos foires. On ne les expédie que sur des demandes particulières.

25°

Jambon de l'Ouest ou de Fougères

Ce jambon ressemble au jambon de Bayonne et en a la façon, mais il est loin d'en posséder les qualités. Il est vendu ordinairement, à Paris, aux épiciers, qui le détaillent par tranches. Cette sorte de jambon ne diffère guère des jambons ordinaires; son principal mérite est d'avoir trouvé sur le marché de Paris un marchand qui voulut bien le faire connaître et un débouché pour les classes ouvrières.

26°

Jambon de sanglier.

On dépouille le *jambon de sanglier*, après quoi on le fait saler si on veut le fumer ; si, au contraire, on veut le faire rôtir, on se contente de le mariner. Dans le premier cas, on le laisse dans le saloir dix à douze jours, puis on le fait fumer. Sa cuisson s'opère dans de l'eau bien aromatisée, dans laquelle on ajoute une bouteille de Madère. On le place ensuite dans une serviette, puis on le presse dans une terrine avec les éléments de sa cuisson et on le sert froid.

27°

Jambon de marcassin.

On fait mariner ce jambon pendant quatre ou cinq jours, après on le met rôtir à la broche ou au four. Dans tous les cas, il faut avoir bien le soin de l'arroser de son jus. On le sert ensuite soit avec son jus, soit avec une sauce préparée à la venaison.

CHAPITRE IV.

Des galantines. — Du bœuf fumé et hures. — Des fromages de viande et autres préparations, en ce genre, de la charcuterie moderne.

Le mot de *galantine* pour désigner un mets fait avec de la chair de volaille ou de dindon désossée et lardée, ou de la chair de veau que l'on assaisonne de fines herbes et autres ingrédients, est très ancien.

Nous trouvons, à ce sujet, dans le *roman de la Rose*, qui est du XIII° siècle, les vers suivants :

> (Li bon lechierse
> ...De plusors viande teste
> En pot, en rost, en soust, en paste,
> En friture et en *galentine*.

Le vieil écrivain A. Lassalle du XV° siècle, indiquait dans un menu, de *grosses anguilles renversées à la galentine ;* ce qui témoigne qu'on faisait même anciennement de la galantine avec du poisson. Ce qui me porte même à croire que ce qu'on appelait dans l'ancienne cuisine, *pipefarces, filet de blanc chapon, bourrées à la galantine chaude, rissoles à jour de char* (chair), *arboulastre de char*, etc., n'étaient que différentes sortes de galantine.

Quoi qu'il en soit, la charcuterie moderne a assigné à cette préparation un nom particulier qui sert à désigner spécialement la galantine et qui se borne aux procédés suivants :

1°

Galantine de volaille en daube.

Pour confectionner une *galantine de volaille en daube*, on doit désosser une volaille bien tendre et la dénerver; on prend ensuite deux kilogrammes de cuissot de veau que l'on coupe en lames ; on coupe également la chair de la volaille et l'on assaisonne le tout de sel, d'un peu de poivre et quelque peu d'épices. On ajoute un kilogramme de chair à saucisses et deux cent-cinquante grammes de foie gras que l'on pile bien fin, auxquels on ajoute encore trois œufs, une petite poignée de farine et un verre de madère. Après quoi, on manie le tout ensemble de manière qu'il soit bien lié. On place sur une serviette bien blanche la peau de la volaille que l'on garnit avec les chairs ainsi préparées et en y plaçant par rang trois ou quatre bardes très minces que l'on mélange de quelques lardons de langue écarlate. Tout étant ainsi disposé, on ficelle avec une aiguille à brider, la peau de la volaille afin de bien renfermer les chairs, on l'attache par les deux bouts, et on la serre dans la serviette avec un cordon.

On procède ensuite à la cuisson, qui s'effectue comme suit. On place la galantine soit dans un moule, soit dans une marmite que vous remplissez soit avec une bonne gelée à laquelle vous ajoutez un bouquet garni, une carotte et deux oignons, deux feuilles de laurier, une petite gousse d'ail, et l'on fait cuire sur le feu ou dans le four pendant trois ou quatre heures selon la grosseur de la galantine. Dès que la cuisson est terminée, on la place dans un moule en la recou-

Galantine de volaille.

vrant de son jus, en la pressant avec deux kilog. et on la laisse refroidir pendant vingt-quatre heures avant de la retirer.

Pour fabriquer la *galantine truffée*, on opère de la même manière, on ajoute seulement deux cent cinquante à trois cents grammes de bonnes truffes épluchées, coupées par lardons, et on les place au milieu des chairs. On y joint également quelques gros lardons de foie gras qui lui donnent un goût exquis.

2°

Galantine de veau farci.

Il faut désosser une épaule de veau, on prend les parures et l'on garde la peau; on y ajoute cinq cents grammes de porc maigre et cinq cents grammes de lard gras. On confectionne avec ces chairs une farce; et pour cela, on coupe par tranches le maigre de l'épaule. On assaisonne le tout de sel, poivre blanc et quatre épices. On y ajoute, de plus, un bon verre de madère, des œufs et une petite poignée de farine. On manie bien le tout ensemble; puis on ficelle et on fait cuire de la même manière que la galantine de volaille dont il est question ci-dessus. Enfin, on presse et on laisse refroidir la galantine de veau dans sa cuisson.

3°

Galantine de faisan ou de perdreau.

On désosse les pièces de gibier, en retirant les chairs que l'on coupe par tranche et l'on conserve la peau. On opère alors de la même manière que pour la galantine de volaille, en y ajoutant du foie gras et des truffes coupées en dés, ainsi que du bon jambon cuit de Bayonne, coupé par lardons. On mêle bien et on confectionne comme pour la galantine de volaille indiquée ci-dessus.

4°

Veau piqué et braisé.

On prend un morceau de veau soit dans l'épaule, soit dans le cuissot ou le collet, que l'on larde bien à l'intérieur. Il convient de ficeler le tout pour le resserrer et l'arrondir : après on le fait revenir à la poêle avec un oignon en lui donnant une belle couleur. On place ensuite le veau ainsi préparé, dans une braisière, en y ajoutant de la bonne gelée. On garnit d'un bouquet et d'aromates et on laisse cuire pendant trois heures. Dès que la cuisson est terminée, on met le veau dans une terrine ou un plat creux. On passe au tamis le jus, en le tirant au clair et l'on en remplit le vase. On laisse, enfin, refroidir dans sa gelée.

5°

Bœuf fumé de Hambourg.

La réputation du bœuf de Hambourg, qui lui vient de la couleur rouge vif, n'est que superficielle ; car cette couleur ne lui est pas due par suite de la qualité de la viande, mais seulement par la présence du salpêtre et du sel mélangés ensemble dans sa fabrication.

Galantine de faisan ou de perdreau.

Voici, au reste, comment la charcuterie allemande prépare le bœuf fumé.

On prend un tende de tranche de bœuf de première qualité que l'on partage en deux. Une fois paré, on le fait saler pendant huit jours, après lesquels, on le ficelle pour l'arrondir et resserrer les chairs. On le fait fumer pendant quelques jours par les procédés allemands. Quant à sa cuisson, elle s'effectue de la même façon que pour la cuisson du jambon d'York.

6°

Bœuf rôti ou Rosbif.

Le tende de tranche du bœuf est le morceau qui convient le mieux pour faire rôtir en rosbif, selon la méthode anglaise. Pour cela, on partage le morceau choisi en deux, on le pare et on le ficelle. Enfin, on le fait cuire au four, en ayant bien soin de l'arroser souvent avec son jus. Il exige ordinairement une heure de cuisson.

7°

Bœuf piqué, cuit en daube.

Pour faire cette préparation culinaire, il convient de prendre un morceau de tende de tranche que l'on larde bien à l'intérieur en le serrant dans un linge blanc ; on l'attache ensuite par les bouts, comme l'on fait pour la galantine. On procède ensuite à la cuisson qui dure de trois à quatre heures effectuée dans une bonne gelée, avec bouquet et aromates. On le laisse refroidir dans sa cuisson.

8°

Hure de Troyes aux pistaches.

La préparation gastronomique des hures en général, et de celle de sanglier, en particulier, remonte très-haut dans l'histoire de la cuisine. Dans tous les grands repas du xvie siècle dont parle Taillevent, figure comme mets d'honneur, une hure de sanglier. La manière de la préparer diffère beaucoup de celle que la charcuterie moderne a adoptée et que nous reproduisons.

Il faut commencer par désosser une tête de cochon que l'on fait saler pendant quatre ou six jours, selon sa grosseur. On sale également, en même temps, trois langues de porc, trois langues de veau et une gorge grasse. Puis, on fait cuire le tout dans un bon bouillon très aromatisé, pendant deux heures. Dès que la cuisson est complète, on place la hure sur une serviette et on la pare. Pour cela, on dépose les parures dans une bassine ou dans tout autre vase.

Après cela, on retire la peau qui couvre les langues et on les coupe par moitié. On coupe, également, par gros lardons la gorge; et l'on place le tout dans la bassine. On y ajoute du poivre et des quatre épices et une échalotte hachée très fin. On mêle bien le tout ensemble. Ajoutez encore vingt grammes de pistaches épluchées, et l'on confectionne, en ayant le soin de bien opérer le mélange. On dispose alors par rangées les pistaches au milieu des langues; on serre bien dans la serviette et on attache par chaque bout, avec une ficelle, afin de lui donner la forme de la tête; on resserre de nouveau le tout avec un cordon. Puis, on remet cuire la hure dans sa cuisson pendant une heure. On la place ensuite,

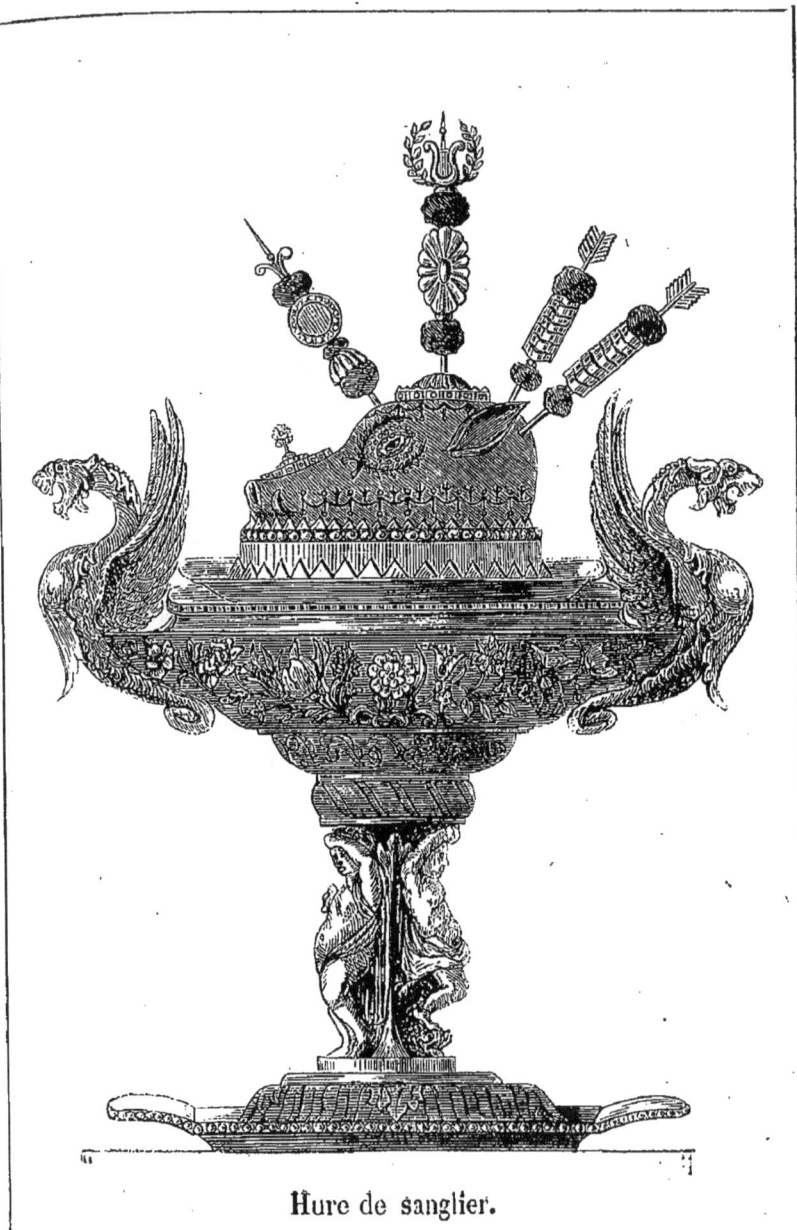

Hure de sanglier.

dans un moule, et il faut la presser avec un poids de cinq kilogrammes. Le moule est rempli, en outre, du jus de la cuisson et on laisse la hure refroidir pendant vingt-quatre heures. Ensuite on la graisse avec du saindoux et on la panne avec la chapelure rouge.

9°

Hure truffée,

La hure truffée se confectionne de la même manière que la précédente. On y ajoute seulement cent vingt-cinq grammes de truffes épluchées et coupées par lardons et placées comme les pistaches, au milieu, par deux ou trois rangées. La cuisson d'une heure suffit pour cuire la truffe et donner à la hure son parfum. Il convient de la laisser refroidir dans son jus; ensuite on la panne ou on la glace à la gelée.

10°

Hure de sanglier.

Il faut d'abord brûler les poils de la tête du sanglier et la nettoyer avec soin. On y retire la langue et on la désosse. Ensuite, on fait mariner la hure et la langue ensemble, auxquelles on ajoute encore deux langues de porc, deux langues de veau et la moitié d'une gorge de porc coupée en gros lardons dans un vase disposé pour cela. On y met, comme assaisonnement, du sel, poivre et des quatre épices, une échalotte hachée, deux feuilles de laurier, deux oignons, une carotte coupée, une demie-bouteille de bon vin de madère. On laisse le tout en marinade pendant deux ou trois jours; puis, on fait cuire dans un bon bouillon. On ajoute la marinade à la cuisson. La suite de la confection se fait par le même procédé employé pour la hure de Troyes; seulement on y joint des truffes et pistaches. Il est important de laisser la hure se refroidir dans son jus.

11°

Fromage de cochon.

On apprête une tête de porc bien blanche que l'on fend par la moitié, pour en retirer la langue et la cervelle. Puis on coupe la tête en six morceaux que l'on fait dégorger pendant deux heures. On procède ensuite à leur cuisson à l'eau durant l'espace de une heure et demie, après on en retire les os. On dispose alors les issues dans une bassine, en y jetant une poignée de gros sel et vingt grammes de sucre fin pour lui donner une couleur rosée. On fait bouillir une quantité de bouillon suffisante pour couvrir les chairs. On laisse, pendant vingt-quatre heures, la tête séjourner dans ce jus. On fait cuire de nouveau, pendant trente ou quarante minutes, les issues, et l'on procède pour la confection du fromage de la manière suivante.

Coupez la tête par gros dés carrés, placez-les dans une bassine en y ajoutant du poivre, des quatre-épices et une échalotte hachée bien menue; joignez-y une petite cossettée de jus de la cuisson et mêlez bien le tout ensemble. Il importe de mettre autour du moule des bardes coupées minces; cela fait, on entonne le fromage que l'on place au four pendant trente ou quarante minutes. Dès qu'on l'en a retiré, on le presse avec cinq kilogrammes, et on le laisse refroidir.

13°

Fromage d'Italie ou pâté de foie.

Le nom de *fromage* qu'on donne à la préparation d'un produit de la charcuterie, tire son origine de la forme qu'il a avec le fromage au lait. Ce sont les Italiens qui lui ont imposé, les premiers, cette dénomination.

Ce fromage est excellent à manger; il est apéritif et de plus, très-apprécié des gourmets. Son origine est fort ancienne, puisque l'histoire assure que le roi Louis XI s'en faisait servir à tous ses déjeuners. On le confectionne comme suit :

On prend cinq kilogrammes de gros lard auquel on ajoute un foie de porc, trois ou quatre oignons, autant d'échalottes, deux feuilles de laurier et du persil en quantité suffisante. On hache le tout dans la mécanique et très-fin; on y joint encore six œufs et une poignée de farine. On assaisonne, enfin, de sel, poivre et des quatre-épices. On procède alors au mélange en maniant le tout ensemble de façon à ce que la pâte se trouve parfaitement liée. Après avoir entouré la terrine de bardes fines, on entonne la pâte, moitié dans le moule ou moitié dans la terrine. On place au milieu de la terrine une barde ou des lardons dans le moule, et l'on remplit le moule ou la terrine. On les couvre d'une barde et l'on fait cuire dans le four pendant trois ou quatre heures. Le *pâté de foie* ou *fromage d'Italie* se mange froid.

CHAPITRE V.

Préparation des langues dans la charcuterie. — De la pâte truffée. — Des pieds de cochon et des diverses manières de les accommoder. — Des andouillettes et du petit salé. — Différentes préparations des côtelettes. — De la cervelle du porc, de la gelée clarifiée et du jus. — Glaçage des viandes.

1°

Langue de bœuf fumée à l'écarlate.

Strasbourg est la première ville qui ait fabriqué la *langue fumée;* elle est fine et délicate et sa réputation est très-étendue. On la confectionne comme suit :

On sale une langue de bœuf pendant huit ou dix jours; on la fait fumer crue. Elle doit rester au fumoir de trois à quatre jours. Sa bonne préparation exige, en outre, que sa cuisson ait lieu dans un bon bouillon, où elle doit séjourner de trois heures à trois heures et demie. On l'enferme dans une baudruche de bœuf, on l'attache par les deux bouts et on le jette dans un liquide bouillant. Après qu'elle s'est ainsi refaite pendant cinq minutes, on la rougit ensuite avec du sang de porc mêlé avec du carmin; on la replace de nouveau dans le fumoir pendant deux heures et on la soumet à la vente.

Langue de porc ou de veau.

La langue de porc se sale également pendant six à huit

jours; on la ficelle sur une petite planche, afin de lui conserver sa forme. Sa cuisson s'opère aussi dans un bon bouillon, pendant deux heures. On la fourre dans un fuseau de porc et on l'attache par les deux bouts, en la ficelant comme le saucisson de Lyon. Cela fait, on la place dans un fumoir pendant douze heures et on la fait refaire pendant cinq à dix minutes, soit dans l'eau, soit dans sa cuisson. On la rougit, enfin, en lui donnant la couleur écarlate. On la déficelle ensuite pour lui communiquer le brillant du vernis.

2°

Langue de Troyes.

La *langue de mouton* fumée de Troyes a aussi son mérite comme préparation gastronomique. On la confectionne de la même façon que la langue de porc, avec cette différence qu'il ne faut la laisser dans le saloir que trois jours. Le reste de la confection s'exécute avec les mêmes procédés employés pour cette dernière langue.

3°

Farce de chair truffée.

La chair, pour être truffée, doit être préparée de la manière suivante :

Pour 6 kilogr. de farce, on dénerve et trie 2 kilogr. de maigre de porc et 4 kilogr. de gras frais, très-tendre, qu'on hache bien fin à la mécanique; puis on ajoute, comme assaisonnement, 125 gr. de sel fin, poivre blanc et quatre épices.

On retire la chair de la mécanique et on la place dans le mortier, dans lequel on ajoute 500 gr. de foie gras et dix œufs ; on pile alors ensemble jusqu'à ce que le tout soit bien lié. Coupez et hachez ensuite assez fin, 500 gr. de bonnes truffes du Périgord, que vous mêlerez bien avec la farce. Ainsi préparée, elle servira à confectionner les pieds, les saucisses truffés et les côtelettes de pré-salé.

4.º

Cuisson des pieds à la Sainte-Ménehould.

Rôtissez et nettoyez douze pieds de porc ; cela fait, on prend un pied de devant et un pied de derrière que l'on lie ensemble avec un cordon large de trois doigts, en les serrant fortement, afin de les maintenir unis dans la cuisson. A cet effet, on les place dans une marmite, en y ajoutant 2 ou 3 kilogr. de couenne, un seau d'eau et une bonne poignée de gros sel. On fait bouillir et écumer, après l'avoir garni d'un bouquet et d'aromates. On laisse cuire pendant trois ou quatre heures, selon leur grosseur, puis on retire les pieds, en les plaçant, par paquets, dans une bassine. On passe enfin la gelée tirée au clair et on la verse sur les pieds, de manière qu'ils soient bien couverts de gelée. On laisse refroidir. Lorsqu'ils sont bien froids, on déficelle chaque paquet, on sépare les pieds de devant des pieds de derrière, et on les fend en deux par le milieu. Ensuite on a le soin de bien graisser successivement chaque moitié avec du saindoux, et de les paner avec de la chapelure blanche. Enfin on les fait griller sur un feu ardent pour leur donner une belle couleur jaune. La moutarde de Gray, de Dijon, peut lui servir de sauce.

5°

Pieds de porc à la Choisy.

Pour exécuter cette préparation, on retire un pied de sa gelée, on le coupe par la moitié, on le fait chauffer dans sa gelée, et on le mange ensuite au naturel, à la vinaigrette ou aux fines herbes.

6°

Pied farci truffé.

Le *pied truffé* est très-estimé par les gourmets. Pour cette confection, il faut rouler 100 gr. de farce truffée, dont nous avons indiqué ci-dessus la préparation, aplatissez la sur la crépine, dans laquelle on place la moitié d'un pied de porc qu'on a désossé d'avance. On y ajoute trois ou quatre petits dés de bonne truffe. On recouvre de farce le pied, et on enveloppe bien le tout dans la crépine, en lui donnant une forme plate et pointue d'un bout. On graisse et on pane ensuite. On le fait cuire enfin sur le gril, pendant vingt minutes, en lui donnant une couleur bien jaune, et on le sert dans des assiettes chauffées.

7°

Pieds farcis aux pistaches.

Ces pieds se confectionnent de la même manière que le pied truffé; seulement, à la place des truffes, on substitue des pistaches épluchées et hachées, que l'on mêle avec la farce non truffée.

7°

Andouillettes de Paris.

L'*andouillette* se prépare de la manière suivante :

On prend un ventre de cochon, que l'on appelle *chaudens* ou gros intestin. On a soin de vider et de bien nettoyer l'intérieur de ce boyau, que l'on retourne, au moyen d'une baguette. On le change d'eau plusieurs fois et on le laisse dégorger ensuite pendant dix-huit ou vingt heures.

Cela fait, on coupe le fuseau de la robe que l'on sale et que l'on fait servir plus tard pour la préparation du saucisson. On conserve la robe pour entonner les andouilles. Cette première opération terminée, on fait refaire à l'eau bouillante ce qui reste du *chaudens*; puis on le coupe par le milieu tout le long pour finir de l'approprier à sa destination. On sépare alors en bandes la baudruche et on place ensuite les boyaux coupés par rubans ou bandes de la grosseur qu'il peut convenir de leur donner. Enfin on place au milieu un lardon de la gorge du porc. On assaisonne de sel, poivre et quatre épices, et on roule les boyaux de la longueur d'un mètre, avec son lardon au milieu, et on les entonne dans la robe. On fait refaire à l'eau pendant cinq minutes; on écume et on dégraisse l'eau bouillante, que l'on jette ensuite. Enfin on opère la cuisson dans une nouvelle eau, avec sel, poivre et quatre épices, un bouquet garni, des aromates et un bon verre de vinaigre. On fait cuire pendant quatre heures environ. Puis, on les place sur un linge bien blanc, où on les presse pour leur donner la forme carrée. Dans cet état, on les coupe de la longueur qu'on veut, dès qu'elles sont refroidies;

on les glace avec moitié de graisse de veau et moitié de panne fondue. On fait des incisions tout autour et on fait griller sur un feu un peu vif, ou bien dans une poêle avec un morceau de beurre bien frais.

9°

Andouille marinée et fumée.

On place dans une terrine la quantité de boyaux qui ont été coupés par bandes assez fines, ayant eu soin de les avoir bien égouttés. On les assaisonne avec sel, poivre et quatre épices; on y ajoute une échalotte hachée bien finement, un verre de vinaigre et un verre de cognac. On mêle le tout dans la terrine, en les laissant mariner pendant quarante huit heures. On entonne ensuite dans un fuseau et on attache par les deux bouts, comme on fait pour le saucisson de Lyon. On termine cette fabrication en faisant fumer les *andouilles* pendant dix ou douze jours. Ainsi fumées, elles peuvent être conservées crues toute une année. Quand on veut les servir sur la table, on les fait cuire pendant quatre heures, soit à l'eau, soit au bouillon; on les laisse refroidir et on les coupe en tranches.

10°

Andouillettes de Vire à la fraise de veau.

On prépare les boyaux de la même manière que pour l'andouille de Paris. On prend, à cet effet, une fraise de veau bien fraîche et très-blanche, que l'on fait blanchir encore et refaire à l'eau bouillante. On la coupe par bandes ou cordons comme pour les boyaux de porc, et on y mélange moitié boyaux et moitié fraise de veau. On dispose ensuite le tout en long, par rubans de la longueur de 20 à 25 cent. On les fourre dans le fuseau et on attache de chaque bout ; on la fait cuire de la même façon que l'*andouillette* de Paris et on la fait griller de même. On doit la servir sur un plat bien chaud et dans des assiettes également bien chaudes.

11°

Andouillette truffée.

Lorsque l'andouillette, soit façon de Paris, soit façon de Vire, est presque cuite, on prend pour six de ces andouillettes de la longueur de 15 cent., 100 gr. de truffes épluchées et coupées par lardons. On fend ensuite en deux chaque andouillette, et on y place au milieu les lardons de truffes. Refourrée dans une nouvelle robe et attachée des deux bouts, on la fait finir de cuire dans son bouillon. Puis on la met en presse pour lui donner la forme carrée. On la fait cuire sur le gril, de manière à ce qu'elle soit bien rôtie, et on la sert toute chaude.

12°

Petit salé chaud du matin.

Le *petit salé* s'apprête de la manière suivante. Après avoir dépecé tous les membres du porc, préparé les jambons et la poitrine pour le saloir, il reste encore l'hachage et les parures pour la fabrication, ainsi que les os que l'on dépose à part. Ce sont ces derniers qui servent à faire le petit salé, et qui se composent des plattes-côtes, des cazis et palettes, des premières côtelettes de l'échinée ; on les coupe par morceaux et on les fait tremper, pendant dix-huit à vingt heures seulement, dans la saumure.

Quant au bouillon du petit salé, il se compose de la manière suivante :

Après la cuisson des jambons de Paris dans un bon bouillon, et qu'ils en sont retirés, le jus où ils ont cuit étant bien corsé et bien aromatisé, on le fait écumer et bouillir de nouveau, et lorsque son ébullition est bien complète et à son plus haut degré, on y plonge immédiatement les os du petit-salé. On enlève ensuite la marmite de dessus le feu, et, muni d'une grande fourchette, on les remue pendant quelques instants. Le jus étant bouillant, il suffira pour opérer leur cuisson. Cette cuisson ainsi terminée, il faut avoir soin que la marmite reste toujours sur un feu doux, afin d'entretenir le petit salé constamment chaud jusqu'à ce qu'il soit débité.

Après le service du matin, on enlève la marmite qui renferme le bouillon et on a soin de la placer dans un endroit frais. On y ajoute de suite un litre d'eau pour le rafraîchir, en battant et remuant le tout ensemble. On dégraisse et on laisse reposer.

Avant la fin du travail de la journée, on tire ce bouillon au clair dans une marmite bien propre, et on le réserve pour le lendemain ; ce bouillon est très-précieux pour la charcuterie. Il dure, dans ces conditions, toute l'année, et finit par devenir un jus excellent. On s'en sert pour la cuisson de toute espèce de saucissons.

13°

Côtelette de Pré-salé truffée.

On taille, à cet effet, la *côtelette de mouton de pré-salé*;

on y fait un manche. On la place ensuite entre deux couches de farce truffée et on l'enveloppe avec de la crépine. On lui donne la forme d'une côtelette; ensuite, on la beurre avec soin et on la pane avec de la chapelure blanche. Elle doit être cuite sur le gril, pendant dix à quinze minutes. Ajoutez une papillotte avant de servir.

14°

Côtelette de chevreuil truffée.

Cette côtelette se confectionne de la même manière que la côtelette de pré-salé dont nous venons de parler. On la fait griller; on la mange ordinairement avec une sauce préparée exprès et dont il sera question dans la partie de cet ouvrage qui traite de la *charcuterie-cuisine*.

15°

Côtelette de porc à la sauce piquante.

La *côtelette de porc à la sauce* a été longtemps adoptée dans la charcuterie ancienne. On en attribue la première préparation à un charcutier-rôtisseur de la rue des Poulies, à Paris, qui la préparait à la sauce piquante, vers le commencement du XVII° siècle. Il faisait également rôtir des longes de cochon dont il avait un débit considérable. Cette côtelette se fait cuire de la manière suivante:

On la fait revenir dans la poêle avec de la graisse de rôti, de manière à ce qu'elle soit bien rissolée et jaune. On finit ensuite de la faire cuire dans la sauce (voir *sauce piquante*), pendant dix minues ; on y ajoute des cornichons coupés fort menus, et on la sert dans cette préparation bien chaude.

16ᵉ

Côtelette au naturel.

On coupe et on pare une côtelette de porc, puis on l'assaisonne de chaque côté avec du sel et du poivre. Ainsi disposée, on la fait cuire sur le gril pendant dix ou douze minutes. On la retourne à point, afin de lui conserver son jus ; on coupe ensuite, en tranches minces ou carrées, un cornichon dont on la garnit, et on la sert chaude.

17°

Côtelette de porc grillée.

On coupe et l'on pare les côtelettes ; on fait fondre ensuite du beurre dans un vase où on y trempe des deux côtés les côtelettes ; on les pane ensuite fortement dans de la chapeleur blanche ou mêlée ; on les assaisonne et fait griller sur un feu un peu ardent. Immédiatement après cette cuisson vive et prompte, on les sert garnies de cornichons découpés en petites tranches.

18°

Côtelette au beurre.

On fait cuire les côtelettes bien assaisonnées sur le gril

au naturel ; ensuite, on fait fondre à moitié un morceau de bon beurre frais et fin dans un plat disposé exprès; on y ajoute du persil haché et un peu de bon jus ; on appuie sur ce beurre préparé de la sorte les côtelettes ; on y ajoute un filet de vinaigre et on les sert bien chaudes.

19°

Côtelette de porc en papillotte.

Lorsque les côtelettes sont coupées et parées, on les assaisonne en y ajoutant du persil haché et en les beurrant de chaque côté.

On beurre ensuite une feuille de papier fort. Puis on coupe par tranches très-minces deux grillades de petite poitrine qui ne sera pas trop salée, que l'on place au milieu de la feuille de papier, et on ajoute les côtelettes sur les grillardes; ensuite, on les recouvre avec de la farce truffée, en les enveloppant avec soin dans le papier-beurré. Il convient de les faire cuire à petit feu sur le gril, de manière à ce que le papier ne crève point, car le jus que contient la côtelette est utile à conserver et constitue la principale qualité de ce mets que l'on sert immédiatement après sa cuisson.

20°

Cervelle de porc en papillotte.

On fera cuire la *cervelle de porc* de la même manière que la *côtelette en papillotte*, soit avec la chair à saucisses, soit avec de la farce truffée.

La cervelle cuite de cette façon, avec l'une ou l'autre de ces deux farces, est excellente et devient un mets délicat.

21°

Gelée clarifiée.

On prend de la bonne gelée de pieds de porcs que l'on met dans une casserole, placée sur le feu. On fait écumer et on fait dépouiller avec soin, et on laisse refroidir pendant une heure.

Il faut procéder ensuite à la clarification. On emploie pour cela, soit des œufs, soit du sang, en battant bien les uns ou l'autre dans une terrine. Le mélange effectué, on verse doucement, en battant avec force la gelée, au moyen d'une écouvette. Puis on replace la casserole sur le feu, où l'on fait bouillir pendant un instant. On passe le tout alors soit dans un alambic, soit dans une serviette fine, et de cette manière la gelée sera clair.

22°

Jus pour remplir les terrines et les pâtés.

Les os de bœuf, de porc, de volaille et de gibier sont propres à confectionner ce jus. Pour cela, on fait revenir ou *suer* dans une marmite ces os, qu'il faut préalablement avoir eu le soin de fendre et de briser. On y met un quart de graisse ou de beurre auxquels on ajoute trois ou quatre oignons, une carotte coupée mince, une gousse d'ail et un bouquet garni. On laisse cuire le tout à petit feu, en ayant soin de remuer de temps en temps. Lorsque les os sont bien revenus, on ajoute de suite, dans la préparation, un verre de bon cognac que l'on y incorpore en remuant. Puis, on remplit la marmite d'une bonne gelée de pied et de trois ou quatre cassetées de bouillon de bon Bayonne. On remet de nouveau un bouquet garni, des aromates, une feuille de céleri, et on laisse cuire pendant six heures. On passe et on tire au clair ; en définitive, on fait bouillir, afin de le conserver longtemps.

23°

Glaçage.

Pour effectuer cette opération, on fait d'abord chauffer de la gelée clarifiée à son degré. Pendant ce temps, on apprête les jambons qu'on veut glacer dans leur terrine primitive où ils ont déjà séjourné, et on procède de la sorte à leur glaçage, au moyen de la gelée clarifiée. Il convient de glacer alors au pinceau toutes les pièces qu'un charcutier ou un marchand de comestibles vend à la coupe. Un des avantages de cette opération est de rendre les marchandises qu'ils vendent plus fraîches et de leur donner une belle apparence. D'un autre côté, le *glaçage* a pour effet d'empêcher ou de retarder le séchage de ces mêmes denrées. A ces divers titres, il mérite d'être employé.

24°

Rillettes du Mans, de Tours et Rillons.

La *rillette du Mans* jouit depuis longtemps, sous le rapport de l'alimentation, d'une certaine réputation qu'elle mérite à juste titre. On la confectionne de la manière suivante.

On prend, par exemple, 5 kilogr. de porc, 2 kilogr. de maigre et 3 kilogr. de gras. On hache le tout gros comme une noisette, puis, dans une marmite en fonte, on fait cuire à petit feu, pendant cinq heures, après avoir assaisonné de 150 grammes de sel, poivre et quatre-épices, et y avoir ajouté six clous de girofle et deux feuilles de laurier. Pendant la cuisson, il faut avoir soin de remuer de temps en temps avec une cuiller en bois, afin d'éviter que la chair ne s'attache au fond. On passe enfin le tout dans une passoire et l'on fait égoutter. On termine la confection des *rillettes* en les hachant, et lorsqu'elles sont bien fines, on les dépose dans un pot en grès, et ayant tiré la graisse au clair, on la verse dessus, toujours en remuant.

Ce travail ne laisse plus rien à désirer et on fait refroidir pour les servir. Ce mets est apéritif, savoureux, et lorsqu'il est bien réussi, il doit avoir le goût de la noisette.

Les *rillettes de Tours* se fabriquent de la même façon et par les mêmes procédés. La seule différence qui existe seulement entre la confection de ces deux sortes de rillettes, c'est qu'on opère la cuisson des *rillettes de Tours* avec un feu plus vif que pour la cuisson des *rillettes du Mans*, et cela afin de leur donner la couleur rousse.

Quant aux *rillons de Tours*, ils se font cuire dans les rillettes, où ils se roussissent également. Pour les confectionner, on coupe en gros dés 1 kilogr. de poitrine de lard que l'on jette dans la marmite, et lorsque ces morceaux sont cuits et bien roussis, on les met à sec sur un plat et on les mange chauds ou froids. Les *rillons* diffèrent des *rillettes* en ce sens qu'ils se servent à sec, tandis que les rillettes se trouvent mêlées avec leur graisse.

25°

Assiette assortie.

Pour dresser une *assiette d'assortiment,* il convient que la dame du comptoir qui est chargée de la conditionner ait non-seulement un certain goût, mais encore qu'elle connaisse bien les différents produits qui doivent servir à la composer. On commence d'abord par couper trois tranches de chacune des viandes froides qui sont en vente, puis on les place successivement avec art sur le plat en le décorant de gelée et de cornichons découpés par tranches. On forme enfin, tout autour de l'assiette, une bordure de persil haché. L'assiette assortie offre un hors-d'œuvre qui a bien son mérite.

26°

Chippolata.

La *chippolata*, qui est d'origine italienne, ainsi que son nom l'indique, se confectionne avec la chair à saucisses. A cet effet, on remplit un boyau de mouton de cette chair, sans trop la serrer, et on tourne ce boyau de distance en distance, de manière à lui donner la forme d'un chapelet.

27°

Les Sandwichs.

Ce mets est d'origine américaine et n'est connu, dans l'office, en France, que depuis une vingtaine d'années. Pour préparer les tartines désignées sous ce nom, il faut employer un pain très-fort en mie, et de préférence un de ces pains qu'on appelle *pavés anglais*, pains en caisse ou à quatre faces, et qu'on peut se procurer chez la plupart des boulangers.

On enlève nettement toute la croûte sur une des faces ; et sur la mie, ainsi mise à découvert, on étend une légère couche d'excellent beurre frais. Alors, avec un couteau bien tranchant, on détache une première tartine aussi mince que possible ; on beurre de nouveau le pain pour obtenir une nouvelle tartine semblable à la première, et l'on continue ainsi jusqu'à ce qu'on ait réuni le nombre de tartines dont on a besoin.

Sur chacune de ces tartines, et du côté du beurre, on place des tranches très-minces de jambon de Bayonne ou de volaille, puis on les accole en les superposant deux à deux, c'est-à-dire qu'on recouvre l'une avec l'autre en les appuyant légèrement l'une contre l'autre, de manière qu'elles fassent corps ensemble. Ensuite, on supprime nettement la croûte de tous les côtés, et on taille les tartines en carrés longs d'une largeur de deux ou trois doigts.

On peut remplacer les tranches de jambon et de volaille par des tranches de filet de bœuf, de langue de veau ou de bœuf à l'écarlate. Les *sandwichs* sont très-bien servis dans les collations, les soirées et les bals ; ils y figurent presque toujours avec le thé. Les Anglais et les Américains affectionnent surtout ce mets, qu'ils ont mis à la mode en France.

TROISIÈME DIVISION.

De la charcuterie-cuisine.

PRÉLIMINAIRES.

Avant d'aborder cette troisième partie de la *charcuterie moderne*, il convient d'entrer dans quelques détails préliminaires concernant tout ce qui se rattache, comme préparations, à notre travail, quoiqu'ils paraissent y être étrangers au premier abord.

Ainsi nous allons parler de la *cuisine*, des *condiments* qui entrent dans les assaisonnements, de la *saumure*, du *fumoir*, de l'emploi de la *truffe*, de celui de la *chair à saucisses* et de la *conservation des viandes*. Après quoi, nous traiterons spécialement :

1° De la charcuterie-cuisine ;

2° De la pâtisserie dans ses rapports avec la charcuterie ;

3° De la confection des terrines ;

4° Des ornements, socles et outils en usag dans la charcuterie.

1°

Tenue de la cuisine.

Il convient que la partie d'un établissement, connue sous e nom de *cuisine*, soit spacieuse, aérée, bien dallée pour pouvoir être lavée abondamment ; qu'il s'y trouve un robinet de fontaine, ou du moins une pompe ; que les murs, blanchis de temps en temps, soient dans un état constant de propreté; enfin, que les fourneaux soient placés sous le manteau cintré de la cheminée, de façon que la vapeur du charbon s'exhale sans incommoder.

C'est ainsi encore qu'il faut avoir bien soin de ratisser, tous les jours, les étaux, de laver les avances et planches qui servent au travail. On lave avec de l'eau bouillante, au moyen de savon noir ; ensuite, avec de l'eau fraîche et naturelle. On les ratisse ensuite avec le grattoir ; les mécaniques à hacher et à pousser seront aussi tenues dans un état complet de netteté.

D'un autre côté les fourneaux doivent être bien entretenus dans leur intérieur ; la cheminée, ramonée au moins une fois l'année ; les dalles de la cuisine, lavées chaque jour à grandes eaux ; enfin, la cave à saler devra être toujours dans un état constant de propreté. Il convient, en outre, que les ustensiles eux-mêmes qui servent à la fabrication, tels que marmites, bassines et terrines à jambons, ne laissent rien à désirer sous le rapport de leur nettoyage et de leur brillant. On aura soin, également, que le linge dont on se sert soi-même pendant le travail soit toujours bien blanc ; car il est la marque de la propreté de celui qui le porte.

Il faut, en un mot, sous le rapport de la cuisine, se conformer à tous ces conseils dont la plupart font partie, du reste, des prescriptions renfermées dans les règlements de police concernant l'exercice de la charcuterie.

2°

Des condiments.

On appelle *condiments* tout ce qui est destiné à relever la saveur des aliments et à en faciliter la digestion.

Au nombre des condiments se trouvent le *sel*, le *beurre*, l'*axonge*, les *cornichons*, le *poivre*, le *piment* et les *quatre épices*.

Le *sel de cuisine* est le plus usité des produits de cette classe de condiments. C'est le condiment salin par excellence, celui qui a joué ce rôle dans tous les temps et chez tous les peuples. Sauf de rares exceptions, il est un besoin pour l'homme, et le goût universel dont il est l'objet, n'est que l'expression d'un besoin général. Il est inutile d'entrer dans de plus grands détails sur son utilité, surtout dans la charcuterie; il nous suffira de dire que si son nom scientifique de *chlorure de sodium* est très-connu dans le monde des savants, celui de *sel* l'est dans le monde entier.

Le *beurre* appartient à la classe des condiments gras; comme aliment, il participe aux propriétés des graisses animales; mais il est plus digestible : le plus souvent il sert d'assaisonnement. Il faut l'employer dans la charcuterie-pâtisserie très-frais et de première qualité. Les beurres les meilleurs sont d'un jaune légèrement orangé naturellement; car la falsification lui donne quelquefois cette couleur.

L'*axonge*, appelée aussi *graisse de porc* ou *saindoux*, est également employée comme condiment gras. Exposée à l'air, elle devient promptement jaune et rance. Afin de bien la conserver, il faut la renfermer dans des vases presque toujours vernissés au plomb ou dans des poteries de faïence; ou bien même encore dans des tonneaux.

Le *cornichon* est un condiment acide. Les *cornichons*, tout le monde le sait, sont les fruits du concombre commun, plante annuelle que l'on cultive dans les jardins de presque toute l'Europe. Ce condiment, préparé dans le vinaigre, réveille l'appétit, tempère la soif, rend plus digestible certaines substances et relève le goût des préparations de la charcuterie dans lesquelles on l'emploie.

Le *poivre*, qui fait partie de la classe des condiments acres, est la baie détachée du poivrier aromatique ou poivrier commun, espèce d'arbrisseau originaire de Malabar. Il sollicite avec énergie les forces digestives. Aussi, est-il indispensable toutes les fois que l'on fait usage d'aliments fades, lourds et indigestes. On sait que l'on en fait un grand emploi dans la charcuterie, soit en poudre, soit en grains.

Le genre *piment* renferme un grand nombre d'espèces alimentaires; et c'est de la réunion de quatre ou cinq de ces espèces que l'on a composé ce qu'on appelle les *quatre épices*, dont nous avons donné la composition dans un précédent chapitre.

3°

Saumure.

La *saumure* est le résidu de toute opération de *salage*. Il comprend environ le tiers et même la moitié du liquide contenu dans la viande fraîche, lequel liquide, en s'écoulant, a entraîné une partie du sel employé et des fragments de matières animales. Ce résidu est habituellement utilisé, dans les fabriques de salaisons, pour les préparations ultérieures. On sait l'emploi qu'en fait la charcuterie moderne.

4°

Fumoir.

Le *fumoir*, qui sert au fumage des viandes est un des procédés de conservation des viandes le plus anciennement connu. Chaque pays, pour l'exécuter, a des usages particuliers; mais partout où il est pratiqué, on n'y soumet préalablement que les viandes salées. De cette manière, les principes conservateurs de la fumée ajoutent leur action à celle du sel marin.

Les *fumoirs* sont plus ou moins bien installés, selon le travail de celui qui les utilise. Dans nos campagnes, on se contente de suspendre la viande dans la cheminée, où elle se fume mal, se couvre de suie, et s'imprègne de sucs noirâtres qui la rendent mauvaise, inconvénients que l'on éviterait en enveloppant les morceaux d'une double toile.

Pour confectionner le *bœuf fumé*, à Hambourg, les cheminées ou les foyers dans lesquels on fait le feu qui doit produire la fumée, sont placés dans les caves; mais la chambre qui reçoit la fumée que conduisent d'en bas deux tuyaux, se trouve au quatrième étage. Il existe une autre chambre au-dessus de celle-ci qui lui renvoie sa fumée. C'est dans cette dernière chambre que l'on suspend les viandes que l'on veut fumer. On ne brûle pour cette opération que du bois ou des copeaux de chêne; ce bois doit être sec et n'avoir jamais pris le goût de moisi ni d'humidité, parce que le moindre de ces défauts se communiquerait à la viande. On connaît la composition des fumoirs des charcutiers; ils se composent, ainsi que cela se pratique à Bayonne, d'un rez-de-chaussée assez vaste et élevé de trois ou quatre mètres, dont les murs sont percés de distance en distance d'ouvertures. Au plafond se trouvent des crochets auxquels on suspend les jambons, et au centre de la salle, sur le parquet, on brûle des bois particuliers qui, concentrés dans cet espace obscur, produisent la fumée qui entoure les jambons et y exerce son action. On les laisse séjourner dans ces fumoirs de vingt-quatre à trente heures, en y entretenant toujours le feu.

5°

De la Truffe.

La *truffe*, qui est considérée aujourd'hui comme un champignon souterrain, a un parfum exquis qui se développe autour d'elle et qui s'associe avec tant d'avantage au goût de plusieurs viandes. Aussi l'emploie-t-on avantageusement dans toutes les préparations culinaires et dans plusieurs de la charcuterie.

Les truffes se conservent assez longtemps dans leur terre natale. On les enferme alors, couvertes de sable ou d'argile, dans une caisse dont on ferme hermétiquement les bords avec soin, afin que l'air extérieur ne puisse s'y introduire.

On les emploie dans les préparations, soit entières, après les avoir soigneusement brossées, soit par fragments.

La charcuterie en fait un emploi très-intelligent, ainsi que nous l'avons vu, dans la première partie de cet ouvrage, et que l'on verra dans la suite.

Relativement à l'emploi de la truffe en cuisine, on croit que l'Espagne nous en apprit l'usage vers le XIVe siècle. Au XVIe siècle, on cuisait les truffes dans du vin ou sous la cendre;

enveloppées d'étouppes, ou dans l'eau, avec de l'huile, du sel et des plantes aromatiques. Pour les conserver, on les mettait dans du vinaigre ; mais, comme elles y contractaient un goût désagréable, on les faisait tremper douze et quinze heures dans de l'eau de la rivière avant de les employer ; on les cuisait ensuite dans du beurre avec les épices. Les meilleures truffes étaient alors celles de Franche-Comté, de Saintonge, du Dauphiné, de Bourgogne et d'Angoumois. On connaissait aussi une espèce de truffe suisse, nommée *cartoufle*, « plus lisse et plus claire que la truffe ordinaire, » dit Olivier de Serres.

Ce genre de champignon a acquis, de nos jours, une plus grande réputation que dans l'ancien temps ; car il est admis sur les tables aristocratiques où il règne en souverain. Sous le rapport de son origine, le mérite de la truffe est d'être cosmopolite, c'est-à-dire de se produire sous diverses latitudes ; mais elle n'offre pas les mêmes qualités dans tous les climats. On en distingue quatre sortes : la *truffe noire*, qui est d'un brun noirâtre à l'extérieur, marbrée de lignes d'un blanc roussâtre à l'intérieur. — La *truffe grise*, d'une couleur d'abord blanchâtre, puis d'un brun cendré. — La *truffe violette*, dont la couleur est d'un noir violet, tant à l'intérieur qu'à l'extérieur. — Et la *truffe du Piémont*, qui est blanche, avec une odeur particulière, légèrement alliacée. A notre avis, la *truffe noire* ou du Périgord est la meilleure de toutes ces espèces.

De l'emploi de la truffe.

On prend six kilogrammes de bonnes truffes du Périgord, en ayant soin de bien les brosser pour en retirer la terre qui entoure. On les pèle ensuite ; après quoi on les coupe en deux et on les place dans une terrine, en les assaisonnant de sel, poivre et quatre épices. On y ajoute un verre de cognac ou de madère. On recouvre après la terrine, en ayant soin de faire sauter ou remuer la truffe et on la laisse mariner pendant douze heures, en agitant de temps en temps la terrine.

Ainsi apprêtée, cette truffe servira pour truffer les pâtés, les terrines, la volaille et le gibier.

6°

Volaille truffée.

Pour cette confection culinaire, on choisit une poularde ou un chapon de la Bresse, et même de La Flèche, où ils sont très-renommés ; il faut les flamber et les vider avec soin, et fendre en long la peau de dessus le cou, que l'on coupe alors ras du corps, en conservant toujours attachée au corps la peau qui sert à l'envelopper. Après quoi, l'estomac étant ôté également, on pile très-fin 500 grammes de gras bien tendre, on brosse 1 kilogramme de truffes et on les pèle. Cela fait, on hache menu les pelures que l'on ajoute au gras pilé et l'on coupe par moitié les truffes elles-mêmes ainsi nettoyées. On assaisonne le tout de sel, poivre et quatre épices, en y ajoutant un verre de madère. On mêle bien alors toute la préparation, laquelle étant bien mélangée, on s'en sert aussitôt pour fourrer la volaille.

Quant à la cuisson, il faut avoir soin, au moment de la faire rôtir, d'envelopper la volaille de bardes, qu'il faudra ficeler pour les maintenir autour du corps. On la laisse cuire pendant une heure et demie à deux heures.

8°

Usage et différents emplois de la chair à saucisses.

On emploie la chair à saucisses pour farcir les légumes, tels que artichauts, concombres, choux-fleurs, chou, pancalier, etc. On s'en sert également pour faire des boulettes, du godiveau pour remplir des tourtes grasses.

On en fait de la farce fine, en la pilant dans un mortier ; elle sert alors à confectionner des pâtés de veau et jambon, de volaille, de gibier et de foie gras. On peut rendre la chair à saucisses meilleure, en y ajoutant du bon gras de jambon cuit et des œufs. Dans ces conditions, on l'emploie pour farcir des volailles, du gibier, le cochon de lait et divers autres pièces destinées au service de la table.

La viande de porc, comme on voit, occupe un rang distingué dans le monde gastronomique. Aussi, figura-t-elle avec honneur sur toutes les tables où elle est justement appréciée.

Le poëte Berchoux a fait lui-même l'éloge suivant du cochon, après en avoir vanté la chair au point de vue culinaire, d'une manière fort remarquable. On lira, nous le pensons, avec plaisir, cette citation.

> Que ne m'est-il permis de nommer sans bassesse
> Cet immonde animal, hôte d'une autre espèce,
> Qui pourtant, sous tes yeux et dans le même enclos,
> S'engraisse à ton profit, ainsi que tes oiseaux ;
> Dans le limon infect de la mare bourbeuse
> Plonge avec volupté sa croupe paresseuse ;
> Quadrupède vorace, et non moins indolent,
> Broie à demi-couché la châtaigne ou le gland ;
> Satisfait s'il se roule, et s'il gronde, et s'il mange,
> Et, mort, fait oublier qu'il vécut dans la fange.
> Cet objet de dégoût est l'honneur à la fois
> Et des banquets du pauvre et des festins des rois.

8°

Préparation du lard à piquer.

On choisit le lard à piquer dans les porcs de première qualité ; on le sale, soit à la salaison sèche, soit à la salaison liquide ou saumure. On effectue la première en frottant d'abord à sec le lard pendant huit jours ; puis, en continuant le même frottage tous les dix à douze jours, dans l'espace de un à deux mois. En dernier lieu, on le laisse sécher.

Lorsqu'on veut le faire saler dans la saumure, il convient préalablement de le frotter pendant deux jours avant de le mettre dans le saloir, où il doit rester toujours couvert d'une couche de sel. Il reste ainsi dans la saumure environ trois semaines ou un mois. En le retirant du saloir, on le place sur un pressoir en pierre ou en bois de chêne, ayant bien soin de le frotter de sel immédiatement ; on continue le même frottage tous les quinze jours, et cela pendant l'espace de trois ou quatre mois, en observant surtout qu'il soit toujours couvert du sel dans le pressoir.

Lorsqu'on le relève du pressoir pour le faire sécher, il convient de le frotter de nouveau, mais avec du sel fin cette dernière fois, et on le suspend dans un lieu sec et bien aéré. On aura soin pendant l'été, à l'époque des grandes chaleurs, de placer ces lards les uns sur les autres, en les couvrant d'un lit de paille pour les séparer et ménager entre eux la circulation de l'air.

Telle est la méthode par excellence de préparer un bon lard pour piquer fin.

I.

CHARCUTERIE CUISINE PROPREMENT DITE.

CHAPITRE I.

Les sauces. — Glacée de viande. — Roux pour la sauce piquante. — Sauce au beurre à la maître-d'hôtel. — Sauce à la remoulade. — Sauce poivrade à la venaison. — Sauce mayonnaise. — Sauce aux tomates. — Jus pour remplir les terrines et les pâtés. — Farce pour pâté et terrine de foies gras de Strasbourg. — Emploi du foie gras cru. — Sauce aux truffes ou à la Périgueux.

1°

Les sauces.

Les sauces forment, dans l'art culinaire, une des parties les plus importantes et qui exige beaucoup de connaissances et d'habileté de la part de celui qui les confectionne. La charcuterie emprunte à l'art culinaire lui-même quelques-unes de ces sauces que l'on emploie dans plusieurs préparations de la viande de porc. Nous décrirons seulement celles qui nous concernent dans la charcuterie.

2°

Glacée de viande.

La glace de viande est un jus réduit et rendu consistant par la matière gélatineuse des viandes. Pour la confectionner, on place les jus de rôti et les fonds de daube dans une marmite, avec de la bonne gelée de veau. On y ajoute un morceau de collier de bœuf, des abatis de volaille, et on laisse cuire le tout pendant sept à huit heures. On passe ensuite le jus dans une bassine et on le laisse reposer pendant une heure, après quoi on le tire au clair dans une terrine, où il se refroidit. Confectionnée de la sorte et réduite à cet état de jus, on s'en sert pour toutes sortes de sauces grasses.

3°

Roux pour la sauce piquante.

Pour faire le roux qui entre dans la préparation de la sauce piquante, on met dans une casserole un morceau de bon beurre ou bien une certaine quantité de graisse de rôti qu'on laisse fondre, puis on y ajoute de la farine et on fait cuire sur un feu très-doux pour que le tout forme une nuance rousse de couleur claire d'acajou. La sauce dans laquelle le roux doit être employée s'exécute de la manière suivante.

On met dans une autre casserole un morceau de beurre que l'on fait fondre; on coupe en même temps un oignon et une échalotte très-minces que l'on fait frire dans le beurre, en y ajoutant une carotte hachée mince et un bouquet de persil. Lorsque tout est bien frit, on verse dans la casserole un verre de vinaigre et l'on remue le tout ensemble, que l'on place ensuite dans le roux. On ajoute enfin, tout en remuant bien, un verre d'eau, un demi-litre environ de bon jus, du poivre et du sel, des quatre-épices et une feuille de laurier. On met le tout sur le feu, où il faut le laisser cuire pendant trente minutes environ.

Cette préparation ainsi terminée, on y place la côtelette de porc que l'on aura fait revenir dans une poêle, et on la sert sur la table.

4°

Sauce au beurre à la maître-d'hôtel.

Pour bien confectionner cette sauce, on met sur un plat un morceau de bon beurre frais, du persil haché menu, on mêle le tout en y ajoutant un filet de vinaigre, ou mieux encore un jus de citron. On chauffe seulement le tout et on y place les côtelettes déjà rôties.

Sauce à la remoulade.

On met dans un vase une échalotte, du cerfeuil, une ciboule, du persil et une pointe d'ail, le tout haché très-fin. On y ajoute du sel, du poivre, de la moutarde, de l'huile et du vinaigre, ainsi que deux jaunes d'œufs. On verse peu à peu, en tournant, ces divers ingrédients, jusqu'à ce que le mélange soit épais. Arrivé à ce dernier degré, il constitue ce que l'on appelle la sauce à la remoulade, avec laquelle on peut manger des filets et des côtelettes de porc.

6°

Sauce poivrade à la venaison.

Pour la préparation de cette sauce, on met dans une casserole un verre de vinaigre, une échalotte, du thym, du laurier, du persil, une ciboule et une bonne pincée de poivre. On fait cuire pendant vingt minutes ; ensuite on forme un roux avec du beurre. On mouille le tout avec un jus ou un bon bouillon et une demi-glace. Ajoutez l'assaisonnement nécessaire et mêlez bien le tout ensemble dans la casserole. Cela fait, laissez cuire pendant l'espace de trente à quarante minutes, et passez dans la fine passoire. On aura de la sorte la sauce poivrade à la venaison que l'on utilise lorsqu'on mange du gibier rôti.

7°

Sauce mayonnaise.

La sauce mayonnaise se confectionne de la manière suivante :

On met dans un vase un ou deux jaunes d'œufs, du poivre et du sel, des fines herbes et quelques gouttes de vinaigre que l'on agite et que l'on mêle bien. On y ajoute de la bonne huile d'olive que l'on verse goutte à goutte, en agitant toujours et en battant le mélange. De temps en temps aussi, on y verse petit à petit du vinaigre, en ne cessant jamais de battre et d'opérer la fusion jusqu'à son complet résultat. Cette sauce est très-délicate et fort appréciée pour manger soit avec des volailles froides, soit avec du poisson, soit même avec du rôti de porc frais.

8°

Sauce aux tomates.

On procède d'abord, pour cette sauce, par faire cuire dans un demi-verre d'eau, pendant trente minutes, de bonnes tomates bien saines et bien conservées. Mettez-y du sel, du poivre, une demi-gousse d'ail, une demi-feuille de laurier, du thym, du persil et un oignon coupé. La cuison terminée et le mélange réussi, on passe le tout dans un tamis ; après, on s'en sert comme sauce, ou bien on peut en additionner d'autres sauces avec lesquelles son goût de tomate s'associe parfaitement bien.

9°

Jus pour remplir les terrines et les pâtés.

Ce *jus*, qu'on peut considérer comme une gelée, se fait de la manière suivante :

On prend des os de bœuf, de volaille, de veau, de porc et de ambon que l'on fait *suer* et revenir dans une marmite. Il convient préalablement de fendre ces os et de les briser. Ajoutez-leur un quart de graisse ou de beurre, trois ou quatre oignons, une carotte coupée bien mince, deux gousses d'ail et un bouquet garni. Il faut les faire revenir à petit feu, ayant soin de remuer le tout de temps en temps. Lorsque les os sont bien revenus, on y ajoute immédiatement un verre de bon cognac.

On le remue bien ensemble et on le mouille avec une bonne gelée de pieds et avec trois ou quatre cassetées ou grandes cuillerées de bouillon de Bayonne. On remet de nouveau un bouquet garni, des aromates et une feuille de céleri. On le laissera cuire pendant six heures. Enfin, on passe et on tire au clair. On le fait bouillir en dernière analyse, afin de le conserver longtemps.

Ce *jus* est employé avec beaucoup d'avantage pour remplir les terrines et les pâtés que l'on confectionne dans la charcuterie-pâtisserie.

12°

Sauce aux truffes ou à la Périgueux.

On hache très-fin des truffes, des champignons, une demi-gousse d'ail, du persil et de la ciboule... On met ensuite, dans une casserole, de la bonne huile, et l'on fait cuire le tout ensemble. Mouillez alors avec du bouillon ou un bon jus et ajoutez-y un verre de vin blanc, du sel et du poivre. Quand la sauce est faite, on la sert en la versant soit sur la volaille, soit sur le gibier : car elle est destinée à être employée avec ces deux espèces de viandes.

Maintenant que nous venons de faire connaître quelles sont les principales sauces de la cuisine moderne, et notamment celles qui se rattachent au travail de la charcuterie, il ne sera pas inutile, ce nous semble, d'exposer, en quelques mots, ce que nos anciens entendaient sous le nom de *sauces*.

Le goût des épices, qui se répandit en Europe à la suite des Croisades, influa naturellement sur la cuisine de l'époque, qui ne se composait que de ragoûts ; les viandes bouillies, grillées ou rôties ne paraissaient guère sur les tables qu'avec des sauces piquantes. Quelques-unes de ces sauces, telles que la *jance* et la *caméline*, étaient devenues d'un usage tellement général au xiiie siècle, qu'on les criait dans les rues de Paris. Ces crieurs de sauces prirent d'abord le titre de *saulciers*; ils y joignirent bientôt celui de *vinaigriers-moutardiers*.

En 1394, ils reçurent des statuts, et un siècle plus tard, Louis XII les érigea en corps de métier, avec la qualification de *sauciers-moutardiers-vinaigriers*, *distillateurs en eau-de-vie et esprit-de-vin*, *et buffetiers*. Cet assemblage d'attributions dura peu de temps; une partie de ces artisans se consacra uniquement à la distillation de l'eau-de-vie et de l'esprit-de-vin, et forma, en 1537, une communauté nouvelle. D'autres se firent Traiteurs et furent réunis en corps, sous le titre de *maîtres-queux*, *cuisiniers et porte-chapes*. Ce dernier nom leur fut donné parce que, quand ils portaient en ville les mets apprêtés dans leurs boutiques, ils les couvraient, pour les tenir chauds, avec une *chape* en fer blanc. Ceux de l'ancienne communauté qui n'avaient pas embrassé l'une des deux professions nouvelles, continuèrent, sous la première dénomination, à vendre des sauces, du vinaigre et de la moutarde. Lorsque les sauces eurent passé de mode, ils ne portèrent plus que le simple nom de *vinaigriers*.

Au xive siècle, on divisait les sauces en deux grandes catégories, ainsi dénommées dans le *Ménagier de Paris* : *saulces non boulies* et *saulces boulies*. La *sauce moutarde* de la première espèce, et la *saupiquet* de la seconde, ont seules survécu jusqu'à nos jours. Les autres sont complétement oubliées ou dédaignées.

Soixante ans plus tard, Taillevent, maître cuisinier de Charles VII, indiquait dix-sept sauces différentes, dont plusieurs étaient connues avant sa cuisine. La *sauce robert* qui, d'après Rabelais, « était nécessaire aux canards, connils, « roustis, *porc frais*, œufs pochez, merlus salez et mille

« aultres viandes, » est arrivée jusqu'à nous. De son côté, Platine a donné la recette de onze sauces nouvelles inventées depuis Taillevent. Au nombre de ces sauces, il indique celle-ci : « Pour le bœuf et le *porc* rôtis, on fait une sauce spé-
« ciale, avec le jus de la viande, du pain grillé, du verjus et
« du poivre. »

On comprendra l'usage que nos ancêtres faisaient des sauces fortement épicées, lorsqu'on saura que partout, au moyen âge, il était fait une énorme consommation de viandes salées. Il convient de reconnaître que le goût de nos contemporains étant bien plus délicat, nous avons dû perfectionner nos assaisonnements en les accommodant mieux à ce goût. Là est le mérite de la cuisine actuelle.

On a vu dans la charcuterie proprement dite, quelles sont les préparations spéciales aux charcutiers ; je traiterai dans cette partie des variétés d'assaisonnements que peuvent recevoir les diverses parties du cochon. Ainsi on pourra se convaincre que les viandes fraîches du porc et leurs produits peuvent s'accommoder délicatement, d'après les règles de l'art culinaire.

CHAPITRE II.

Côtelettes de porc frais. — Carré de cochon. — Échinée de cochon à la broche. — Manière de truffer les volatiles. — Oreilles de cochon à la Lyonnaise. — Cuisson de jambon de Mayence. — Chou farci. — Essence de jambon. — Truffage du gibier de plume.

I

Côtelettes de porc frais.

Coupez et parez les côtelettes comme on a coutume d'arranger celles de veau, en laissant dessus un peu de graisse. On les aplatit en leur donnant une belle forme; puis on les saupoudre de sel et poivre; on les fait ensuite bien griller. On les sert, enfin, avec une *sauce ravigote* ou une sauce aux tomates, ou simplement à la moutarde ou aux cornichons.

La *sauce à la ravigote* consiste à réduire à moitié volume un peu de vinaigre blanc auquel on ajoute la quantité nécessaire de bon jus velouté, en y ajoutant un peu de bon bouillon; on laisse cuire et réduire la sauce sur le feu en la remuant continuellement. Lorsqu'elle est bien délayée et après avoir vérifié l'assaisonnement, on la finit avec un morceau de beurre bien frais mélangé avec du persil, du cerfeuil et de l'estragon, le tout bien haché et dans des proportions relatives; on sert cette sauce sur la table en même temps que les côtelettes grillées, sortant de dessus le gril et très chaudes.

II

Carré de cochon braisé et glacé aux truffes et au jambon.

Parez et préparez le carré qu'on peut désosser, piquez-le ensuite avec des gros lardons et des truffes. Cela fait, couvrez le fond d'une casserole avec des bardes de lard et mettez le carré dessus avec une ou deux carottes, un oignon, du sel, du poivre concassé, un bouquet de thym, de la ciboule, du persil, une demi-feuille de laurier et un ou deux jarrets de veau, selon la grosseur du carré. Mouillez ensuite avec du bouillon et autant de vin blanc et faites cuire à petit feu; prenez, enfin, le plat que vous devez servir, foncez-le de tranches de jambon en tournant le gras sur le bord du plat et posez le carré dessus; passez le jus et tirez le au clair et servez bien chaud; puis, comme dernière préparation, pour le manger froid, couvrez le carré de gelée, saupoudrez de fines herbes et placez un cordon de truffes coupées en deux sur les tranches de jambon. Cette viande froide est excellente.

III

Échinée de cochon à la broche.

Enlevez les os de l'échinée jusqu'au point des côtes, puis, posez-la comme un carré de veau et ciselez le bord en petits carrés ou lozanges; ainsi disposée, saupoudrez l'échinée d'un peu de sel dessus et dessous, mettez-la à la broche et faites-la cuire pendant une heure. Cette opération terminée, servez-la aussitôt avec une sauce poivrade, Robert, ou toute autre sauce piquante. Nous ferons observer que la sauce Robert, que l'on a coutume d'y mettre, est celle qui convient le mieux en raison de la qualité de cette partie du porc.

IV

Manière de truffer les volatilles en cuisine.

Cette opération consiste à éplucher faiblement les truffes soigneusement brossées, ainsi que nous l'avons indiqué plus haut; les égaliser autant que possible en partageant les plus grosses en deux ou en quatre, suivant leur grosseur.

Il faut toujours que la grosseur des truffes préparées pour truffer soit proportionnée à celle de la pièce à truffer; ainsi celles que l'on destinerait au truffage d'une dinde devraient être laissées plus grosses que celles que l'on destinerait au truffage d'une volaille, d'un perdreau ou de toute autre volatille plus petit.

On pile les épluchures des truffes et on confectionne la farce ainsi que nous l'avons indiqué ci-dessus. En enlevant cette farce du mortier, on mêle bien le tout avec les truffes laissées en réserve et on ajoute l'assaisonnement.

Après quoi, on double à l'intérieur avec une barde de lard la peau de la poche du volatile, préalablement vidé et épluché; on doit lui ingérer, tant par devant que dans l'intérieur, les truffes préparées comme ci-dessus. Il faut coudre ensuite et trousser la pièce pour étaler ou rôtir suivant l'usage auquel on la destine de suite.

Il faut que la peau de la volaille truffée soit assez bien grossie, pour que la pièce apparaisse garnie en avant.

V

Oreilles de cochon à la Lyonnaise.

Mettez dans une sauce faite avec des oignons émincés et passés au beurre, les oreilles ; faites braiser et coupez-les ensuite par la moitié ; ajoutez un peu de farine, mouillez avec du bouillon et faites réduire ; disposez-les sur un plat en y mettant un filet de vinaigre ou le jus d'un citron, et garnissez de croutons passés dans le beurre.

VI

Méthode pour faire rôtir les jambons de Mayence ou de Bayonne et d'York.

On pare d'abord légèrement la surface noire de la chair vive du jambon, et surtout la graisse qui existe souvent à l'entour ; on enlève ensuite la couenne et l'os du quasi et on forme un petit manche au jambonneau, on le remet après dessaler à grande eau pendant une journée au moins.

L'opération culinaire s'exécute alors de la manière suivante : on plonge le jambon enveloppé avec un linge bien blanc, dans une daubière remplie d'eau ; on ajoute un petit paquet de foin, des carottes fendues en quatre et des oignons coupés ; on laisse, sur le feu, le tout couvert pendant deux petites heures, ensuite on fait rôtir pendant une heure et on sert avec des épinards.

VII

Chou farci avec de la chair à saucisses.

Dépouillez un chou de ses grosses feuilles vertes, faites-le blanchir, ôtez le cœur de votre chou, après l'avoir rafraîchi et pressé pour en faire sortir l'eau ; mettez dans le milieu, à la place du cœur, de la chair à saucisses, ôtez ensuite les feuilles les unes après les autres, mettez à chacune un peu de farce, remettez-les ensuite l'une sur l'autre comme si le chou était entier. Cela fait, vous lui rendez sa première forme et le ficelez sans l'endommager ; on le met ensuite dans une casserole avec cervelas, chipolata, bouquet garni, des oignons, des carottes, de la muscade rapée et très-peu de sel ; de plus, on couvre de bandes de lard de poitrine mouillées avec du bouillon ; ajoutez un petit verre de bon cognac, laissez cuire pendant deux heures, ôtez la ficelle, dégraissez et servez bien chaud.

VIII

Essence de jambon.

On appelle *essence* et *glaces*, dans l'art culinaire, les extraits qui proviennent de la dissolution de substances de même nature et de même parfum.

Ainsi une essence prend toujours le nom de la substance dont elle dérive ; on dit essence de gibier, essence de volaille, etc , on peut également tirer des essences de perdreaux seuls, de becasses seules, de jambons, etc.

Pour obtenir l'essence de jambon, il faut couper du jambon cru par petites tranches, les battre bien et les poser dans la casserole avec un peu de lard fondu ; on les met ensuite sur un fourneau allumé, et, les tournant avec une cuiller en bois, on leur fait prendre couleur avec un peu de farine. Lorsque le tout est coloré, on y ajoute de bon jus, un bouquet de ciboules et de fines herbes, un clou de girofle, une gousse d'ail, quelques tranches de citron, une poignée de champignons hachés, des truffes également hachées ; lorsque tout cela est cuit ensemble on le passe par l'étamine, et on met ce jus en lieu propre et frais, sans qu'il bouille davantage. Il doit servir pour toutes sortes de mets où il entre du jambon et lui donne un excellent goût.

OBSERVATION.

Nous ferons observer, au sujet de l'emploi, en cuisine, des truffes, que les pièces destinées à être truffées doivent toujours l'être quelques jours à l'avance, afin que le parfum de ce champignon ait le temps de se communiquer à la chair; de plus, que toute viande truffée demande une cuisson complète.

Relativement au truffage des gibiers à plume, il faut faire exception du faisan, que l'on ne doit pas truffer. « Un faisan truffé, dit Brillat-Savarin, est moins bon qu'on ne pourrait le croire ; l'oiseau est trop sec pour s'imprégner des parfums du tubercule ; et d'ailleurs, le fumet de l'un et le parfum de l'autre se neutralisent en s'unissant, ou plutôt ne se conviennent pas. »

C'est le même Brillat-Savarin, dont on accepte un peu trop aveuglément, à mon avis, les préceptes de gastronomie, qui a dit : « la truffe est le diamant de la cuisine. » C'est une de ses meilleures pensées.

CHAPITRE III.

Petit-salé à la purée. — Saucisses grillées en garniture ou au vin blanc. — Boudins ordinaires grillés. — Manière de piquer ou larder. — Méthode pour mariner le sanglier. — Filets mignons de porc frais. — Cochon de lait rôti. — Cochon de lait farci ou en galantine. — Foie de cochon à la poële. — Rognons sautés à la casserole. — Côtelettes de sanglier à la marinade. — Filet de sanglier Maréchal.

1º

Petit-salé à la purée.

Ainsi que nous l'avons vu dans un chapitre précédent, le petit-salé ou plates-côtes, que vend la charcuterie proprement dite, se mange très-bien au naturel pour déjeuner. Mais pour un repas plus solide, pour en faire un plat économique, varié, et rendre cette nourriture plus complète, on place le *petit-salé* sur une purée de haricots, de poids, de lentilles, d'oignons ou de tout autre légume. C'est un plat de famille ouvrière qui n'est pas à dédaigner, même de la part des membres des classes riches.

2º

Saucisses grillées en garniture ou au vin blanc.

On prend les petites saucisses toute fraîches faites et on

les roule en colimaçon, faisant joindre chaque bout sans les presser ; puis on les maintient dans cette position à l'aide de petites brochettes passées en croix, et l'on a soin de les piquer çà et là avec la pointe d'une lardoire, pour ne pas les exposer à se fendre en cuisant. Si cette précaution n'était pas prise, elles pourraient se briser sur le feu.

On place ensuite les saucisses ainsi disposées sur le gril ou sur un santoir, que l'on glisse au four sous l'influence d'une température pouvant les cuire et les colorer en même temps. Les retourner à propos. On place ensuite les saucisses brûlantes sur une garniture ou une sauce au vin blanc disposée sur le plat et choisie d'après l'économie ou l'importance du repas.

3°

Boudins ordinaires grillés.

On coupe les boudins en morceaux longs de 25 centimètres environ, et on leur fait, de chaque côté et de place en place, quelques légères incisions, afin de les empêcher de se rompre en cuisant ; puis on les met sur un gril, au-dessus d'une braise assez ardente pour effectuer leur cuisson et leur coloration. On les sert enfin sur un plat très-chaud. Les boudins ne s'allient à aucune sauce ni garniture. Il est d'usage, pourtant, de les manger avec de la moutarde de Dijon.

4.°

Manière de piquer ou larder.

On prend, dans le milieu d'un beau carré de lard à piquer de 14 à 17 centimètres de large, un morceau que l'on découpe en fragments plus ou moins allongés, plus ou moins gros, selon la pièce que l'on doit piquer, mais en les maintenant toujours égaux. Après avoir coupé les lardons dans la longueur du morceau de lard, on en fait autant dans l'épaisseur, de manière à ce qu'ils se trouvent, autant que possible, coupés carrément.

On étale ensuite la pièce qu'on doit piquer, puis on enfonce la lardoire à quelques millimètres d'épaisseur dans la chair, de manière à ce que les deux extrémités des lardons puissent paraître ; insinuez un lardon dans l'ouverture extérieure de la lardoire, et tirez-la sans laisser dépasser le lardon plus d'un côté que de l'autre. On continue de piquer de la sorte, de distance en distance bien égales, en formant des lignes droites, jusqu'à ce que la pièce ou le morceau soit entièrement garni. Ainsi, une viande bien piquée doit présenter des rangées symétriquement placées et suffisamment serrées pour que, en cuisant, elle puisse se dorer.

Les gros lardons, avant d'être employés, doivent être assaisonnés avec sel et poivre.

5°

Méthode pour mariner le sanglier.

Cette opération consiste à étendre la pièce à mariner dans une poissonnière de terre de grandeur suffisante, la saupoudrer de sel fin et de poivre, y mettre une feuille de laurier, un peu de thym et quelques branches de persil, carotte et oignon. On l'arrose ensuite d'huile et de vinaigre et on recouvre le tout.

Il faut, en général, qu'il y ait dans ces marinades assez de vinaigre pour que le quartier de sanglier en soit assez imprégné; on le retourne une ou deux fois par jour pour lui faire prendre l'assaisonnement d'une manière égale.

On estime qu'il faut au moins vingt-quatre heures pour mariner cette sorte de gibier; mais le temps normal est de quatre ou cinq jours. Plus l'objet devra rester longtemps dans la marinade, moins celle-ci devra être relevée, et réciproquement. Telle est la manière la plus simple de mariner un quartier de sanglier et même de chevreuil.

6°

ts mignons de porc frais.

Vous levez les filets mignons dans toute leur longueur; vous les parez et les piquez de lard fin. Foncez ensuite une casserole de bardes de lard; mettez-y quelques tranches de veau, deux carottes, trois oignons, deux clous de girofle, un bouquet de persil et de ciboules, deux feuilles de laurier, et placez les filets avec l'assaisonnement. Couvrez-les d'un double rond de papier beurré, après y avoir ajouté la valeur d'une petite cuiller à pot de bouillon. On pose enfin la casserole sur le feu une heure environ, et on met de la braise allumée sur le couvercle pour faire glacer les filets.

Au moment de les servir sur table, on les égoute et on les glace, puis on les mange soit avec une sauce piquante, soit avec des légumes tels que chicorée, purée de champignons, concombres au gras, etc.

7°

Cochon de lait rôti.

Nous avons déjà dit comment on saignait et on dépouillait

le cochon de lait ; nous devons indiquer comment on le prépare en *charcuterie-cuisine*.

Le cochon de lait saigné, dépouillé et troussé, on le garnit intérieurement du condiment suivant : beurre bien frais, un peu de sel et quelques gouttes de citron, auxquels on ajoute une pincée de fines herbes hachées, le tout pétri ensemble jusqu'à ce que le mélange soit complet.

On l'embroche par le derrière, de manière que la broche sorte par le boutoir, et on l'emballe dans trois ou quatre feuilles de papier grassement beurrées et poudrées de sel fin. On opère ensuite sa cuisson avec un feu solide, donnant beaucoup de braise et peu de flamme. Il faut environ une heure et demie pour la cuisson de cette pièce.

Il doit être servi fumant sur un grand plat ovale maintenu chaud à cet effet. On le fait escorter sur la table de deux saucières remplies chacune d'une sauce qui se rapporte à cette préparation. L'on peut dire alors comme le poëte de la *Gastronomie*, en voyant apparaître ce rôti sur la table bien cuit et bien doré :

> Et le cochon de lait dont la cuirasse d'or
> Semble le protéger et le défendre encor.
> (BERCHOUX.)

8°

Cochon de lait farci ou en galantine.

On désosse le cochon de lait, après l'avoir nettoyé comme nous l'avons dit, et on lui laisse la tête entière. On l'étend sur sa peau et on garnit la partie découverte d'une farce faite avec du lard et autant de noix de veau, des œufs, le foie et et le mou du cochon de lait. On assaisonne cette farce avec du sel, du poivre, du girofle, de la muscade en poudre, de la sauge et du basilic hachés. De plus, on met sur cet assaisonnement du jambon coupé en filets, des lardons, des truffes et des filets de langue à l'écarlate, etc.

On relève, on coud la peau et on donne au cochon sa première forme ; puis on l'enveloppe dans un linge blanc, où l'on a mis des feuilles de sauge, du laurier, du basilic, des os de cochon, quelques bardes de lard et un pied de veau. Avant de l'envelopper, on le frotte quelquefois avec du jus de citron. Cela fait, on le met dans une braisière avec une bouteille de vin de Graves et avec du bouillon, quelques lames de jambon cru et une gousse d'ail, et l'on fait cuire à petit feu.

La cuisson achevée, on laisse le cochon dans la braisière pendant trois heures ; on le retire ensuite ; on le presse doucement et on le laisse refroidir. En dernier lieu, on ôte le linge et on le dresse sur un plat couvert décoré avec de la gelée et du persil.

9°

Foie de cochon à la poêle.

Faites légèrement roussir les tranches de foie que vous aurez eu le soin de couper par lames ; ajoutez un morceau de beurre, du vin blanc, du persil et de la ciboule hachés ; remuez le tout dans la poêle et ajoutez une cuiller de vinaigre ; assaisonnez et laissez cuire quelque minutes.

10°

Rognons sautés à la casserolle.

Fendez les rognons en deux ; enlevez la chair nerveuse ;

coupez en tranches minces; faites fondre un morceau de bon beurre dans la casserole, puis mettez-y les rognons pendant cinq minutes; saupoudrez de farine; remuez, versez-y un verre de vin blanc; ajoutez du persil haché et l'assaisonnement convenable; faite cuire promptement pour ne point les faire durcir, et servez bien chaud.

11°

Côtelettes de sanglier à la marinade.

On commence par piquer et parer les côtelettes; on les met ensuite dans une marinade faite de tranches d'oignon, d'échalottes, de gousses d'ail, de girofle, de laurier, de sauge, de grains de genièvre, de basilic, de thym, de sel et de moitié d'eau et de moitié de vinaigre.

On les laisse ainsi mariner pendant quatre ou cinq jours; on les retire ensuite et on les égoutte, puis on les fait revenir dans une casserole avec de l'huile d'olive ou du beurre frais, en les retournant. Enfin on les fait cuire, feu dessus feu dessous, pendant trente-cinq minutes. On les égoutte de nouveau et on les sert avec une sauce poivrade.

12°

Filets de sanglier maréchal.

Il faut d'abord enlever les filets mignons du sanglier, les parer, leur faire, du côté mince, une incision allongée à l'intérieur, y introduire une farce composée de truffes, champignons et pistaches, et appelée *solpiquant*, et les paner à l'œuf, en observant qu'ils soient régulièrement recouverts de chapelure.

Ainsi préparés, on dépose symétriquement, sur une tourtière ou plateau allant au feu, les filets panés comme ci-dessus, et on les glisse au four sous l'influence d'une température convenable. On a soin de les retourner à propos. Après la cuisson, on les dresse en couronne sur un plat et on y verse, sans les arroser, une sauce peu liée, choisie au goût des convives, et finie au beurre frais.

On peut facilement remplacer les filets mignons de sanglier par ceux de porc, et servir avec une égale faveur une préparation de sanglier de basse-cour pour une préparation de sanglier sauvage. Un proverbe culinaire dit avec raison : « Beaucoup sont consommateurs, peu sont connaisseurs. »

13°

Farce pour pâté et Terrine de foie gras de Strasbourg.

Pour la confection de 6 kilogrammes de cette farce, il faut 1 kilogramme 500 grammes de maigre de porc bien dénervé et tendre ; 3 kilogrammes de gras tendre et découenné, 500 grammes de jambon de Bayonne cru ; on hache le tout à la mécanique très-fin. On place ensuite cette chair dans un mortier avec un kilogramme de foie gras, on assaisonne le tout de 125 grammes de sel, poivre, quatre épices, en y additionnant trois œufs, un verre de bon madère et deux échalottes hachées fines et cuites au beurre. On pile le tout très-fin. On opère jusqu'à ce que la liaison soit bien faite et qu'elle soit ferme. Cette farce doit servir à garnir tous les pâtés en général.

14°

Emploi du foie gras cru.

Les foies gras de canard et d'oie nous sont expédiés de Strasbourg, d'Allemagne et du département des Landes, où l'on engraisse une quantité considérable de ces volailles de basse-cour. Le foie du canard est plus fin et plus délicat que celui de l'oie; il possède un goût de noisette exquis et pèse depuis 250 grammes jusqu'à 1 kilogramme.

Quant au foie d'oie, il est plus commun; son arôme est moins fin et sa chair moins délicate; il est plus gros que celui du canard, il pèse depuis 500 grammes jusqu'à 1 kilogramme 300 grammes. Le foie gras doit être employé très-frais, sortant, en quelque sorte, du corps de l'animal; car l'air lui retire une partie de son arôme. En cet état, on le pare, après lui avoir enlevé soigneusement le fiel et la partie amère qui l'entoure, lui avoir retiré le cœur et tous les fibres qui s'y rattachent. Si l'on veut s'en servir dans le pâté, il convient de le saupoudrer de sel, poivre et épices fines, et de le piquer avec des truffes coupées en dés. Cela fait, on l'insère tel quel dans le pâté.

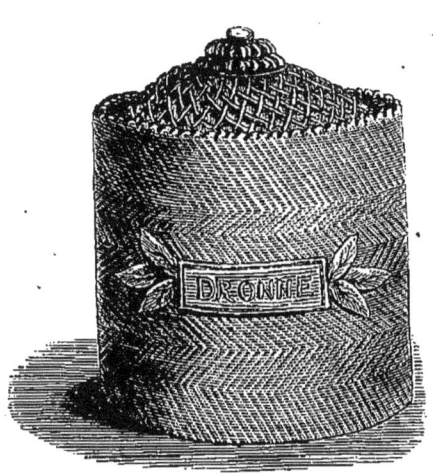

Pâté de foie gras.

II.

DE LA PATISSERIE DANS SES RAPPORTS AVEC LA CHARCUTERIE.

Avant d'aborder cette seconde division de la charcuterie-cuisine, concernant la *pâtisserie* dans ses rapports avec l'art du charcutier, il importe d'entrer dans quelques détails historiques à ce sujet.

La *pâtisserie* n'est, à vrai dire, qu'un progrès de l'art de la boulangerie associé à l'art culinaire; ses premiers produits ne furent que des pains plus succulents que les autres, et pétris avec des œufs, du beurre, du miel, etc. En pratiquant une sorte de vase ou d'assiette dans la pâte fraîche, on put y déposer de la crème, des légumes ou des fruits. En ajoutant à ce vase en pâte un couvercle de la même matière, on put y enfermer des viandes cuites et assaisonnées. Les pâtisseries grasses, les seules dont nous nous occuperons dans cette partie du *traité*, sont les plus anciennes, peut-être même sont-elles une invention de notre cuisine indigène.

Quoi qu'il en soit, de tout temps, en France, on a fait grand cas des pâtés de viande. Non-seulement il s'était formé, sous le nom de *pâtissiers*, une corporation qui vendait des pâtés ou *tourtes* de viande, mais encore dans les maisons bourgeoises, les ménagères en fabriquaient pour l'usage de la famille. Cet art faisait en quelque sorte partie de l'éducation des femmes.

Néanmoins, la première recette pour faire un pâté ne remonte pas au-delà du xiv° siècle ; elle est de Gaces-de-la-Bigne, premier chapelain du roi Jean, mort vers 1383. Cette formule culinaire est en vers, et c'est à cause de cette singularité et surtout des préceptes qu'elle renferme, que nous la reproduisons :

> Si puis dire que grand profit
> Peut bien venir de tel déduit,
> Car on peut faire un tel pasté
> Qu'oncques meilleur ne fût tasté;
> Et pour ce ne me veuil pas taire
> Qu'au jeune ne l'apreigne à faire.
> Trois perdriaulx gros et reffais
> Au milieu du pasté mets,
> Mais gardes bien que tu ne failles
> A moy prendre six grosses cailles
> De quoy tu les apuyeras :
> Et puis après tu me prendras
> Une douzaine d'alouètes
> Qu'environ les cailles me mettes.
> Et puis prendras de ces machés
> Et de ces petits oiselés :
> Selon ce que tu en auras,
> Le pasté m'en billeteras.
> Or te fault faire pourvéance
> D'un pou de lart, sans point de rance,
> Que tu tailleras comme dez :
> S'en sera le pasté pouldrès.
> Se tu le veulx de bonne guise,
> De verjus la grappe y soit mise,
> D'un bien poy de sel soit pouldré,
> Si en sera plus savouré.
> Si tu veulx que du pasté taste.
> Fay mettre des œufs en la paste;
> Les croûtes, un poi rudement,
> Faictes de flour de pur froument,
> Et si tu veulx faire comme saige,
> N'y met espices ne fromaige;
> Au four bien a point chant le met,
> Qui de cendre ait l'âtre bien net;
> Et quand sera bien à point cuit,
> Il n'est si bon mangier, ce cuit.

(*Livre des Déduits de la chasse.*)

Boîte à pâté de foie gras.

Voici maintenant la liste des différentes espèces de pâtés, tant froids que chauds, tant en viande de boucherie, en menu et gros gibier, qu'en volaille et en poisson, qui représentaient la science du pâtissier, à la fin du quatorzième siècle :

Pâtés de poucins.
— à la mode lambarde,
— de champignons,
— de venoison fresche,
— de bouly lardé,
— de beuf,
— de mouton,
— de veel,
— blancs,
— d'aloès (*alouettes*),
— d'anguilles,
— d'argent,
— de moüelle de beuf,
— de bresmes et saumon.
— de chapons.

Pâtés de gibier.
— de gornaux (*espèce de rouget*),
— de lappereaulx,
— de maquerel *maquereau*,
— de mulet,
— de pigons,
— de pinparneaux,
— de porc,
— de potirons,
— de turtres (*tourterelles*),
— de vache,
— d'oiselets,
— d'oès (*oies*), poules, etc,
— norrois (*faits avec du foie de morue et de poisson haché*).

Taillevent et Platine vantent, en outre, et décrivent beaucoup d'autres pâtés que l'on faisait de leur temps, c'est-à-dire au quinzième et seizième siècle, mais ils diffèrent peu de ceux que nous venons de citer quant à leur composition. Le seul digne de remarque est le pâté de *bête fauve*, dont voici la recette. D'abord, la chair de l'animal était cuite dans l'eau avec du sel et du vinaigre, puis lardée. On lui faisait comme une enveloppe de graisse épicée, avec du poivre, de la canelle et du lard gras, pilés ensemble ; dans cette graisse on enfonçait des clous de girofle, de manière à la couvrir entièrement, et enfin, on mettait le tout en pâte. Au reste, les pâtés qui avaient le plus de vogue au seizième siècle étaient :

le *pâté à la tonnelette*, les pâtés d'alouettes, d'artichauts, de beccasses au bec doré, de chapon, de coings, de langues de bœuf, de marrons, de pieds de bœuf, de pieds de mouton, de pommes, de poulets, de sarcelles et de venaison.

Une des pâtisseries grasses les plus célèbres au moyen âge, étaient les *roisolles*, *roinssolles* ou *rissoles*. Elles furent connues en France, à une époque très-reculée ; mais alors on les faisait d'une manière fort simple, avec de la graisse ou du beurre passé par la poêle et rissolé. Au quatorzième siècle, on commença à y joindre de la viande hachée. La viande de porc commença à entrer dans la confection de ces gâteaux ; on les fit plustard avec du veau, du mouton et de la tranche de bœuf.

Les plus anciennes pâtisseries reçurent, à cause de leur forme ronde, le nom de *tourte* ou *tarte*, du latin *torta*, qui signifie grosse miche ronde. Ce nom fut appliqué, dans la suite, exclusivement aux pâtés chauds qu'ils continssent des légumes, ou de la viande, ou de poisson ; mais, vers la fin du quatorzième siècle, on appela *tourte* ou *tarte* la pâtisserie renfermant du laitage, des herbes, des fruits ou confitures, et *pâté*, celle qui renfermait de la chair ou de poisson.

Nous allons voir maintenant quelle différence existait dans la confection des pâtés, entre la pâtisserie ancienne et la pâtisserie moderne, dans leurs rapports avec la charcuterie proprement dite aux deux époques.

1°

Pâte à dresser les pâtés froids.

Il faut, pour confectionner cette pâte, tamiser 4 kilogrammes de farine sur une table de marbre ou d'autre matière, qui sert de tour. On y fait la fontaine au milieu ou au

Pâté de perdreau.

centre de la farine, en l'écartant avec les mains. On y ajoute 1 kilog. 500 de beurre, 80 grammes de sel fin, 8 décilitres d'eau qui sera tiède en hiver, en incorporant avec soin le beurre et l'eau. Puis, remuez le mélange et détrempez-le peu à peu et progressivement jusqu'à ce que la farine soit réduite en pâte. Fraisez (1) la pâte deux fois en été et trois fois en hiver, de manière qu'elle soit arrivée à un degré convenable de consistance; car la pâte trop ferme a l'inconvénient de se dresser difficilement, se fendille au four en cuisant, et perd de sa qualité; d'un autre côté, la pâte molasse produit encore un plus mauvais résultat, elle s'affaisse, se déforme et perd, en quelque sorte, son cachet de l'art. On laisse ensuite cette pâte de 3 à 4 heures avant de foncer les moules pour la confection des pâtes. Ce travail de la forme, exécuté avec intelligence, facilite la confection des pâtes.

2º

Feuilletage.

Avant de commencer le travail de cette pâte, il faut avoir égard à la saison où l'on se trouve. En été, alors qu'il fait chaud, on met le beurre dans un sceau d'eau fraîche de puits, où on le laisse raffermir. Cette précaution prise, on met sur le tour 500 grammes de farine, on y fait la fontaine au milieu, en y ajoutant de 8 à 10 grammes de sel fin, du beurre de la grosseur d'une noix, un verre d'eau fraîche ; détrempez alors la farine et maniez-la bien pendant quelques

---

(1) Le mot *fraiser*, en terme de pâtisserie, signifie *manier, travailler, remuer* la pâte.

minutes. On forme ainsi une pâte qui devient lisse et douce au toucher. On la laisse ensuite reposer de 30 à 40 minutes; après quoi on élargit cette pâte. On prend aussitôt 400 grammes de beurre que l'on manie bien s'il est trop ferme en raison du froid, et on le place par petits morceaux sur la pâte. On replie alors cette pâte sur elle-même, on lui donne deux tours, et puis on la replie en trois. On la laisse reposer, en cet état, pendant 10 ou 15 minutes. Donnez de nouveau deux ou trois tours et le feuilletage est prêt à être employé.

3°

Confection du pâté de foie gras de Strasbourg en croûte.

Ce pâté jouit dans le monde entier d'une grande renommée; il fait surtout les délices des grands seigneurs et de tous ceux qui savent apprécier les agréments d'une table bien servie.

Il se confectionne de la manière suivante :

On prend de la pâte à dresser que l'on roule en forme de boule; puis, on fait une abaisse avec le rouleau et l'on forme au-dessus l'image d'un bonnet de la république et on fonce le moule que l'on a choisi exprès. On met alors au fond et autour du pâté, une couche de farce de foie gras, de trois à quatre morceaux de truffes coupées en gros dés, et on place au-dessus de la farce un foie gras piqué de truffes, que l'on recouvre d'une seconde couche de farce. Placez encore sur le tout, trois ou quatre morceaux de truffes, ajoutez-y un second foie, également piqué de truffes; on le recouvre de farce et on termine en donnant au pâté, ou plutôt à la pâte, une forme bombée, en y ajoutant une barde très-mince qui

Perdreau.

recouvre le tout qui est dans l'intérieur ; on abaisse, ensuite, un morceau de pâte pour faire le couvercle, muni alors d'un pinceau, on mouille les bords du pâté, on le couvre, ensuite avec l'abaisse, en faisant, au milieu, un trou qu'on appelle cheminée. On peut enjoliver alors le pâté avec divers dessins, au moyen de la pâte que l'on a sous la main. On termine, en dorant le tout et en graissant une feuille de gros papier, dans laquelle on enveloppe le pâté, et l'on fait cuire au four pendant un temps limité, selon la grosseur du pâté.

Ainsi doivent rester au four les moules numérotés :

N° 0 et n° 00........	1 heure »»	minutes.
N° 1................	1 — 15	—
N° 2................	1 — 45	—
N° 3................	2 — »»	—
N° 4................	2 — 40	—
N° 5................	2 — 50	—

Lorsqu'il est cuit, on le laisse refroidir. Nous ferons remarquer que le *pâté de foie gras de Strasbourg* ne se mange que vingt-quatre heures après sa confection et froid.

4.°

Pâté de volaille truffée en croûte.

Dès qu'on a choisi un moule destiné à cette confection, on fait aussitôt une abaisse, en moulant de la même manière que pour le pâté de foie gras, et procédant de la même façon et avec les mêmes soins. On place ensuite au fond et autour du pâté, deux cent-cinquante grammes de farce truffée ; on ajoute soit les filets piqués de truffes, soit les membres désossés d'une volaille, un morceau de foie gras avec truffes recouvert lui-même également de farce. Ensuite on met du jambon de Bayonne cuit et, en dernière opération, on met de nouveau de la farce pour le couvrir, en ayant soin d'y placer une barde. On recouvre le tout comme j'ai dit pour le pâté de foie gras de Strasbourg. On fait cuire de la même façon.

Quand le pâté est sorti du four, on le remplit avec du jus. Ce pâté comme celui de foie gras et tous les pâtés de gibier, doivent être mangés froids.

5°

Pâté de perdreau en croûte.

Ce *pâté* se confectionne de la même manière que le pâté de volaille. On peut y mettre le perdreau soit entier, soit désossé. Dans les deux cas, il faut toujours les larder et bien les assaisonner. On en opère la cuisson ainsi que pour le pâté de volaille et on le remplit également de jus. Il doit être aussi mangé froid.

6°

Pâté de faisan en croûte.

On confectionne et on prépare le pâté de faisan de la même façon que celui de perdreau. On pique de truffes les filets et ses membres désossés, et on le nourrit de truffes, de foie gras et de jambon cuit de Bayonne. On le fait cuire également au four; après quoi on le remplit de jus comme les autres pâtés.

Faisan.

7°

Pâté de bécasse et de bécassine en croûte.

Désossez et piquez les membres de ces gibiers ; hachez fin le foie et les intestins et ajoutez-les dans la farce truffée que vous employez. Garnissez avec du jambon de Bayonne cuit, truffes et foie gras ; enfin, faites cuire de la même façon que le pâté de perdreau et remplissez-le de jus après la cuisson. Servez-le froid.

8°

Pâté de mauviettes en croûte.

Pour la fabrication de ce genre de pâté, il convient de faire une pâte demi-feuilletée. On prend ensuite douze mauviettes dont on a coupé les becs et les pattes et on en retire les gigiers et on hache fin leurs boyaux pour les ajouter dans la farce dont on remplit le pâté. Après, on étend un lit de farce sur la pâte, et en carré, sur lequel on place les mauviettes. On recouvre ensuite le tout de jambon de Bayonne et de farce, en y mettant par-dessus une barde assez large. On ramène aussitôt la pâte de manière à lui donner une forme carrée, on la pince et on l'enjolive. Enfin, on termine par dorer le pâté et le mettre au four pendant une heure trente minutes.

9°

Pâté de lièvre en croûte.

On prend les filets d'un lièvre qu'on larde et que l'on

assaisonne. On place ces filets au milieu du pâté, entre la farce et le jambon de Bayonne coupé en tranches. Ces filets doivent être piqués de truffes; on y ajoute encore du foie gras et une truffe coupée par lames minces. Le tout, est enfin, recouvert de farce et d'une barde. On fait cuire au four comme pour le pâté de volaille. Après la cuisson, on remplit le pâté de jus et on le laisse refroidir avant de le servir.

10°

Pâté de veau et jambon en croûte.

La préparation de la pâte moulée est la même pour ce pâté que pour celle du pâté de gibier. On choisit pour cette confection, une belle noix de veau qu'il convient de piquer et larder. Puis, on l'assaisonne de sel, poivre et quatre-épices. On la place, ainsi disposée, dans le pâté avec farce et jambon de Bayonne; on exécute le même travail que pour le pâté de lièvre. On remplit le pâté de bon jus et on le mange froid.

11°

Pâté de canard d'Amiens en croûte.

Pour confectionner ce genre de pâté, on prend deux kilogrammes de pâte à foncer; on l'abaisse d'environ un centimètre d'épaisseur. On prend un canard bien tendre qu'on vide avec soin et dont on retire les abattis; on le retrousse en le serrant fortement et on assaisonne. Après quoi, on garnit l'intérieur du corps d'une bonne farce à pâté et d'un morceau de foie gras de canard. Étalez sur votre pâté abaissé un lit de farce, mettez-y dessus le canard, couvrez-

Bécasse.

le d'une barde et rassemblez les quatre coins de la pâte sur le canard ; faites une abaisse et couvrez avec votre pâte de manière à former, dans le bas du pâté, un rebord que vous pincerez et enjoliverez. Dorez ensuite et faite cuire au four pendant deux heures.

12°

Pâté de poisson en croûte.

Nettoyez et écaillez bien une carpe ; enlevez la chair des arêtes et ajoutez-y cinq cents grammes de saumon et cinq cents grammes d'esturgeon, et faites blanchir à l'eau pendant cinq minutes ; assaisonnez avec sel, poivre et quatre-épices. On le passe ensuite dans une passoire, pour laisser égoutter. On met, enfin, dans une casserole, cent grammes de bon beurre et l'on fait revenir le poisson pendant cinq minutes.

On fait ensuite une panade au lait bien épaisse et nourrie de bon beurre. On met alors le tout dans un mortier avec la chair d'un hareng saur, six œufs, sel, poivre et quatre-épices, persil et échalotte hachée et passée au beurre et un verre de madère. Pilez le tout bien fin de manière que la farce soit bien liée. On prend alors cinq cents grammes de thon à l'huile et cinq cents grammes de saumon bien assaisonné et piqué de truffes ; et confectionnez votre croûte. Dès qu'elle est terminée, placez-y au fond et autour une couche de farce. On met au milieu le thon et le saumon avec des morceaux de truffes coupées ; on couvre le pâté d'un lit de farce à laquelle on ajoute cinquante grammes de beurre. Recouvrez le tout d'un couvercle de pâte. Pincez, enjolivez et dorez. Ensuite, on entoure le pâté d'une feuille de papier beurré ou graissé qu'on attache avec une ficelle et l'on fait cuire pendant une heure et demie. Dès que le pâté est sorti du four, on y entonne par la cheminée un petit verre de fin cognac, cent grammes de beurre fondu, et on laisse refroidir pendant vingt-quatre heures. On peut servir alors le pâté.

Nous avons parlé de *dorer* les pâtés. Ce qu'on appelle de ce nom, en termes de pâtisserie, consiste en jaunes et blancs d'œufs cassés que l'on bat bien et dont *on se sert pour dorer* ensuite, pour jaunir les pâtés au moyen d'un pinceau. La cuisson reproduit ce liquide sur la croûte, sous une forme brillante et dorée.

Perdreau gris.

III.

DES CONSERVES ET DE LA FABRICATION DES TERRINES.

La conservation des viandes par dessication, pour tablettes de bouillon, dâte de 1769. C'est un nommé Ozy de Clermont qui en eut le premier l'idée.

Le procédé Appert vint ensuite; c'est celui qui répond le mieux aux exigences de cette industrie. Son application à toutes les substances alimentaires en a été faite en 1808, époque où le gouvernement l'adopta pour la conservation des viandes à l'usage des armées de terre et de la marine.

Ce procédé est d'une très grande simplicité et consiste :

1° A renfermer dans des bouteilles ou bocaux en verre, ou bien dans des boites de fer-blanc, les substances que l'on veut conserver, lesquelles doivent être cuites aux trois quarts;

2° A souder ou boucher ces vases avec la plus grande précaution; car c'est surtout de cette opération que dépend le succès de la conservation des viandes;

3° A soumettre la substance ainsi renfermée hermétiquement, à l'action de l'eau bouillante, pendant plus ou moins de temps, selon la dimension des vases.

Quand une conserve est bien faite, la matière qu'elle renferme peut se conserver pendant dix ans et être transportée outre-mer.

1°

Conserve des truffes.

Pour conserver la truffe, il faut d'abord la bien brosser et la laver. Dès qu'on la égouttée, on l'assaisonne de sel et poivre en y ajoutant une feuille de laurier. On fait cuire ensuite pendant vingt minutes soit au saindoux, soit au vin blanc; puis, on met les truffes dans une bouteille ou dans une boite en fer-blanc. Il importe de les boucher hermétiquement et de ficeler avec du fil de fer, le bouchon des bouteilles, et de souder avec soin les boites.

On les soumet ensuite à l'ébullition dans les proportions suivantes :

  Les demi-litres.......... 1 heure 1/4.
  Un litre à cinq litres...... 2 —

2°

Conserve de foie gras truffé.

Pour conserver le foie gras, on le prépare comme pour faire le pâté de foie gras dont nous avons parlé plus haut. Puis, on les place cru dans une boite en fer-blanc et on fait cuire par ébullition, dans les proporiions suivantes :

Pour une boite de 1 kilog. pendant une heure et demie.
Pour une boite de 1 kilog. à 5 kilog. pendant deux heures.

3°

Conserve de gibier.

Lorsqu'on veut conserver les perdreaux, il faut les brider

et les barder; on les fait cuire ensuite soit dans un bon jus, soit au four pendant vingt minutes. Enfin, on les place dans des boîtes qu'on a soin de bien faire souder.

Pour une boîte de deux à quatre perdreaux, on la soumet à l'ébullition pendant quarante ou cinquante minutes.

Pour une boîte de six à douze perdreaux, l'ébullition est de une heure et demie.

4°

Conserves de lièvre, faisan et chevreuil.

Le *lièvre*, le *faisan* et le *chevreuil* se conservent de la même manière que nous venons de l'indiquer.

Nous observons, à ce sujet, qu'au bout d'un certain temps la conserve fait perdre une partie de son goût propre à chaque objet qu'elle renferme. Elle lui fait même contracter une saveur particulière que l'on appelle le goût de l'étain.

Il convient également, une fois la conserve ouverte, que l'on consomme promptement son contenu, sans quoi ce dernier se gâte et ne peut plus servir à l'alimentation. Aussi, en général, ne conserve-t-on ces sortes de viande que pour le service de la marine, lorsqu'il s'agit de voyages de long cours. Sur le continent, on use rarement pour se nourrir de viandes conservées.

CONFECTION DES TERRINES.

5°

Terrine de foie gras de Strasbourg.

Cette terrine se fait et se remplit exactement et de la

même manière que le pâté de foie gras de Strasbourg en croûte. Le bon foie, la bonne truffe et la bonne farce font la bonne terrine.

La durée de la cuisson est de une heure, pour les n°s 12, 11, 10.

Elle est de une heure et demie pour les n^{os} suivants : 9, 8, 7, 6.

En observant, toutefois que cette cuisson s'effectuera dans un four bien corsé mais dont la chaleur sera douce.

Lorsqu'on sort les terrines du four, il convient de bien les essuyer; de retirer toute la graisse dans laquelle on les a fait cuire, laquelle graisse on place dans une terrine vide; on applatit avec soin la chair cuite et on tire au clair la graisse dans les terrines; mais on évite avec soin de faire tomber le jus qui s'y trouve au fond. On recouvre, vingt-quatre heures après, les terrines de saindoux bien blanc; on les agence tout autour de papier de plomb, et l'on bouche ensuite le trou du couvercle, afin d'empêcher que l'intérieur ne se gâte.

6°

Terrine de gibier.

La terrine de perdreau, de faisan ou de bécasse se confectionne de la même manière que le pâté de gibier en croûte. Ainsi, on désosse le gibier; on y place les filets avec de la farce et du jambon de Bayonne cuit, du foie gras et des truffes épluchées et coupées par dés. On enveloppe bien de bonne farce à foie gras et on met la terrine au four. La durée de la cuisson dépend de sa grandeur. On laisse refroidir ensuite et l'on couvre la terrine de saindoux pour la conserver plus longtemps.

Terrine basse de foie gras aux truffes du Périgord.

7°

Terrine de volaille.

On prend une terrine de la grandeur qu'on veut préparer, on l'entoure de bardes à l'intérieur. Pour une terrine de deux kilogrammes on prend cinq cents grammes de farce ou de chair à saucisses, deux cent-cinquante grammes de foie gras pilé ; on y ajoute deux œufs, deux échalottes hachées bien fin et passées au beurre; ainsi que du persil haché. On manie le tout ensemble jusqu'à ce que la liaison soit bien opérée. On garnit alors de cette préparation le fond et le tour de la terrine, puis, on prend les filets de volaille piqués fin, et assaisonnés de sel, poivre et quatre-épices ; deux cents grammes de bonne truffes épluchées et coupées en quatre ; et l'on place alors une partie des filets dans la terrine avec couche de farce. Les truffes sont mises et rangées au milieu. On ajoute si l'on veut, un morceau de foie gras sur ces truffes. L'on termine enfin la confection en remplissant et couvrant de farce le tout, on y ajoute après une barde par-dessus. On ferme la terrine de son couvercle et l'on fait cuire au four pendant deux heures.

8°

Terrine de foie gras truffé à la parisienne.

Pour cette confection, on choisit une terrine qui contienne deux kilogrammes ; on y place au fond une barde. Puis, on prend deux cent cinquante grammes de chair à saucisses très-fine, deux cent cinquante grammes de foie gras pilé très fin, trois œufs, une échalotte passée au beurre, un verre de bon cognac, ensuite on assaisonne, on manie et on mélange le tout jusqu'à parfaite liaison. On y mêle, en outre, deux cent cinquante grammes de truffes pelées et coupées par gros dés. On prend enfin, un kilogramme de foie gras bien beau que l'on assaisonne de sel, poivre et quatre épices ; on pique le foie gras avec des truffes, en l'entourant ensuite de farce. Après l'avoir couvert d'une barde, on fait cuire au four, pendant deux heures. On laisse refroidir pendant vingt-quatre heures.

9°

Terrine de lièvre.

La manière de confectionner cette terrine s'opère comme suit. On dépouille un *lièvre*, on le désosse et l'on en conserve les filets en les piquant de petits lardons. On coupe par lames le reste de l'animal. Puis, on prend le mou, le foie, le cœur, deux oignons, deux échalottes, du persil, une feuille de laurier et un peu de thym, et l'on hache le tout très fin. On ajoute, ensuite la même quantité de chair maigre de porc coupé par lames (l'épaule est préférable), on coupe aussi par lames la moitié d'une gorge, et l'on assaisonne le tout avec sel, poivre et quatre-épices, on y additionne le sang du lièvre et on manie le tout ensemble. Enfin, on prend cinq cents grammes de chair grasse, en y faisant un trou au milieu. Ajoutez six œufs, une poignée de farine ou de la fécule de pomme de terre. Mélangez avec soin cette farce en réunissant le tout ensemble; maniez jusqu'à complète liaison. On met alors au four la terrine et on fait cuire pendant trois heures et demie.

Terrine haute de foie gras.

IV.

ORNEMENTS, SOCLES ET USTENSILES DE CHARCUTERIE.

Quoique notre *traité de charcuterie* se termine, en réalité, à la confection des terrines, nous avons cru devoir y ajouter le chapitre suivant qui s'y rattache d'une manière particulière.

Les *socles* sont des ornements qui entrent dans la profession du charcutier dont ils sont une partie de son art et constatent son habileté, tout en contribuant à donner une belle apparence à ses produits ; sous ce rapport, ils méritent d'être mentionnés dans cet ouvrage.

Quant aux ustensiles de la charcuterie, en général, on conviendra que si leur connaissance importe peu à ceux qui exercent cet art, ils ne sont pas à être ignorés par le public qui ne s'en sert pas, il est vrai, mais qui sera bien aise de savoir par quels moyens industriels se confectionnent les produits alimentaires de la charcuterie. C'est ce qui m'a déterminé à ajouter cette quatrième division à mon travail.

SOCLES ET ORNEMENTS.

1°

Socle à galantine.

L'ornement et le décor, en ce qui concerne le travail de ce

que l'on appelle *socles* dans la charcuterie, ne sont pas, sans doute, l'apanage de tout le monde, mais avec du goût, de l'intelligence et de la pratique, on arrive à les savoir appliquer en peu de temps.

Pour confectionner un *socle à galantine*, il faut d'abord bâtir un *mandrin* en bois de la hauteur de 215 millimètres, sur lequel on place de distance en distance quelques petits clous d'un centimètre de longueur; ces clous sont destinés à maintenir la graisse sur le bois. Pour faire le *mandrin*, on prend un morceau de bois rond ou carré, puis on cloue de chaque bout deux planches ovales, l'une plus grande que l'autre, en observant que la petite soit de la longueur d'un plat long ordinaire de manière à pouvoir l'y placer dessus.

Cet appareil ainsi disposé, on prend 3 kilog. de graisse de mouton, 1 kilog. de graisse de porc pilée très-fin, et l'on fait fondre au bain-marie; lorsqu'elle est bien fondue, on la tire au clair dans une terrine; il faudra la laisser refroidir pendant vingt-quatre heures. Pour commencer le travail, on gratte avec un couteau sur le pain de graisse et on en retire des quantités du poids d'environ 250 grammes; on manie avec ses doigts cette graisse rapée, on la roule ensuite entre deux serviettes et on en couvre entièrement le mandrin, en lui donnant le profil qu'on veut.

Quand le socle est ainsi profilé, on fait avec la graisse grattée, tout au tour, des ornements de toute sorte : des guirlandes formées en graisse blanche, des fleurs et des fruits, le tout entremêlé de feuilles vertes. On peut également faire tous ces enjolivements avec des fleurs artificielles; pour cela, les fleuristes de Paris ont, dans leurs cartons, des ressources infinies, applicables aux décors de ce genre, mais ce qu'il faut avant tout, pour bien réussir un socle, c'est le bon goût de celui qui le confectionne.

Les plus belles décorations, en ce genre, se font en plaçant deux sphynx en regard, deux lions, deux aigles, deux cornes d'abondance, deux chimères, etc. Enfin, on garnit le haut du socle avec des morceaux de gelée coupés en dents de loup et que l'on place autour de la pièce froide.

2°

Les Hattellets.

Les *Hattellets* de décoration sont formés d'une branche de métal argenté, ils représentent soit un lion ou un sanglier, soit une lyre ou une flèche et différents oiseaux.

Pour les confectionner, on coupe en carré des petits morceaux de lard bien ferme, de la grosseur et de la longueur qu'ils doivent avoir pour entrer dans le moule à *hattellets* en gelée. On peut le décorer avec des truffes ou du saindoux de couleur carmin, rouge et vert, poussés au cornet ou bien on enfile deux truffes, que l'on glacera, ou bien encore une belle crête de coq, ou une écrevisse, lesquels on assortira pour les placer, au nombre de 3 ou de 5 sur une galantine de volaille ; de 3 sur une galantine de faisan et de deux pour une galantine de perdreau.

3°

Décors à la gelée.

On glace au pinceau soit une galantine, soit un jambon, soit une hure ; ce glaçage doit être bien lisse et exécuté avec de la gelée ferme et très-claire, on orne alors la pièce que l'on veut monter d'un décor fait au couteau, on découpe la gelée et l'on fait tous les décors et les attributs que peuvent inspirer au praticien son intelligence et son goût.

INTÉRIEUR D'UNE BOUTIQUE DE CHARCUTERIE.

La manière de faire l'étalage d'une boutique de charcuterie n'est pas, aujourd'hui, une chose à dédaigner. L'ordre, la symétrie des diverses marchandises qui garnissent la devanture d'un magasin, offrent, à l'œil du passant, d'agréables séductions. Nous faisons remarquer, à ce sujet, que si la bonté et l'excellente qualité des denrées, jointes à la scrupuleuse vente du poids et à l'amabilité des dames de comptoir, attirent les pratiques, c'est par la propreté et l'agrément de l'étalage qu'on les rappelle dans la suite; les charcutiers de Paris n'ignorent point ce genre de séduction, aussi mettent-ils tous leurs soins à disposer élégamment leurs marchandises.

A ces conditions d'un bel étalage s'ajoutent encore les exigences matérielles de l'intérieur de la boutique, ainsi, elle doit être bien aérée et assez large pour que l'air puisse circuler librement entre les marchandises dont elle est garnie ; il convient aussi qu'elle soit dallée, afin qu'on puisse la laver fréquemment, le comptoir et les degrés pour l'étalage doivent être en marbre afin de conserver aux marchandises leur fraîcheur.

USTENSILES DE CHARCUTERIE.

Ustensiles de la boutique. — La boutique doit être pourvue d'un comptoir avec montre au lard, d'un étal avec tiroirs pour couper les côtelettes, d'un couperet, d'une batte, d'une scie à main, de plusieurs barres avec crochets pour suspendre les marchandises, d'une glace étamée, d'une pendule et d'un

Machine à hacher, à récipient métallique.

baromètre. Elle doit avoir encore une paire de balances et de deux séries de poids jusqu'à 5 kilog., une étuve pour la grillade, une caisse et un tiroir dans le comptoir, deux couteaux-feuille pour découper, un tranche-lard et deux fourchettes; elle sera pourvue encore d'une grille en cristal ou en cuivre pour établir l'étalage, d'une planche à découper, de trois différentes grandeurs de papier pour envelopper, des appareils à gaz pour l'éclairage du soir et d'un escabeau pour pouvoir monter et atteindre les marchandises.

D'un autre côté, la boutique doit être bien approvisionnée de denrées bien assaisonnées, le comptoir parfaitement garni de marchandises glacées et appétissantes, placées sur des plats bien blancs; la montre au lard devra être garnie d'une assiette de lard gras demi sel, coupé bien droit et en quatre morceaux, d'une belle poitrine bien rose coupée également en quatre, d'une belle assiette de gelée très-claire pour servir avec la coupe, d'une assiette de cornichons, d'une autre de persil haché et d'une assiette de chair bien rose, toujours en bel étalage. Enfin, l'étalage lui-même, doit être composé de charcuterie, de comestibles et de pâtés, on y entremêlera de la verdure pour faire ressortir les marchandises.

USTENSILES DE LA CUISINE.

Voici la nomenclature des ustensiles indispensables dans la cuisine d'un charcutier :

Un fourneau avec four pour faire les cuissons.
Une pelle à main.
Un fumoir.
Une grillade.
Un gril.
Une lèche-frite.

Deux petites fourchettes.
Un égoutoir en fer-blanc.
Deux cassettes, une grande et une petite.
Deux écumoirs, un grand et un petit.
Deux passoires, une grande et une petite,
Une grande fourchette.
Deux marmites en fonte ou en fer étamé.
Une poêle à frire.
Une casserole à sauce.
Deux casseroles pour la ville.
Quatre bassines en étain.
Trois grandes bassines étamées pour la cuisson.
Trois plateaux en fer étamé.
Six calottes en fer étamé pour jambon.
Quatre terrines à Reims.
Quatre terrines pour lièvre.
Trois boîtes pour chapelures, rouge, blanche et mêlée.
Une tinette pour la graisse.
Une tinette pour le flambard.
Un étau en bois debout pour hacher.
Deux avances pour le couvrir et travailler.
Deux planches pour ranger.
Une mécanique Maréchal ou Tussaud pour hacher.
Une mécanique pour pousser.
Un cornet à pousser les cervelas.
Un cornet pour les saucisses longues.
Un cornet pour le boudin.
Un couperet.
Une batte.
Une ratissoir à main.
Une scie.
Deux couteaux à hacher.
Trois couteaux pour travailler.
Une romaine.

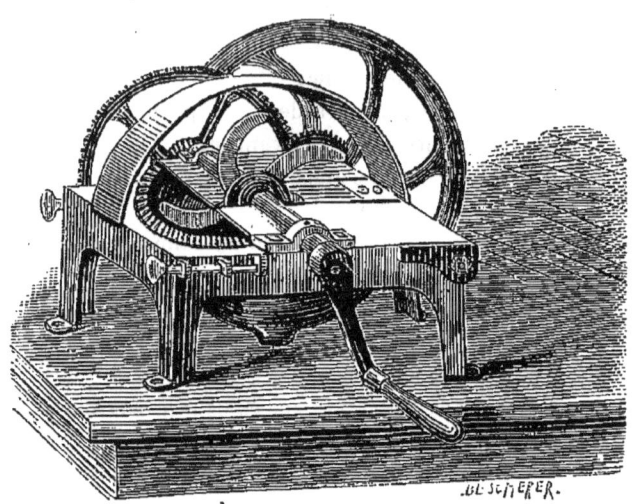

Machine à hacher (petit modèle), à récipient métallique hémisphérique.

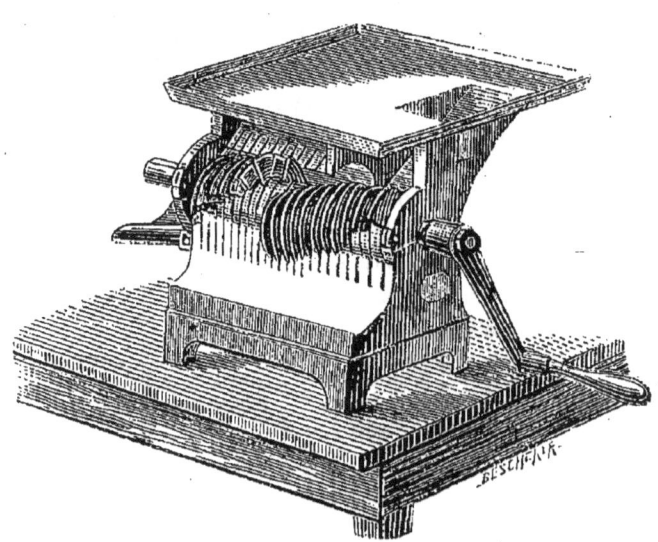

Machine à hacher, système perfectionné, 1869.

Trois tranchets.
Un panier pour hachage.
Un panier pour pesées.
Un croc.
Une boîte pour le sel.
Une boîte pour l'assaisonnement.
Une boîte pour les quatre épices.
Une boîte pour le poivre moulu.
Deux brosses pour laver.
Un alambic pour passer la gelée.

USTENSILES POUR LA PATISSERIE.

Un rouleau.
Un tour à Pâtés.
Un moule à pâtés.
Une pince.
Deux couteaux.
Machines à hacher la viande.

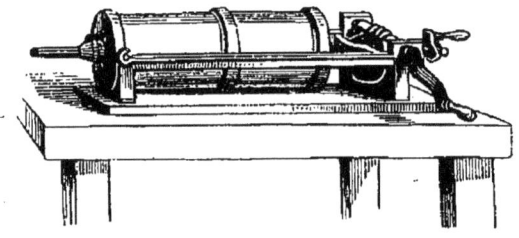

Machine à entonner.

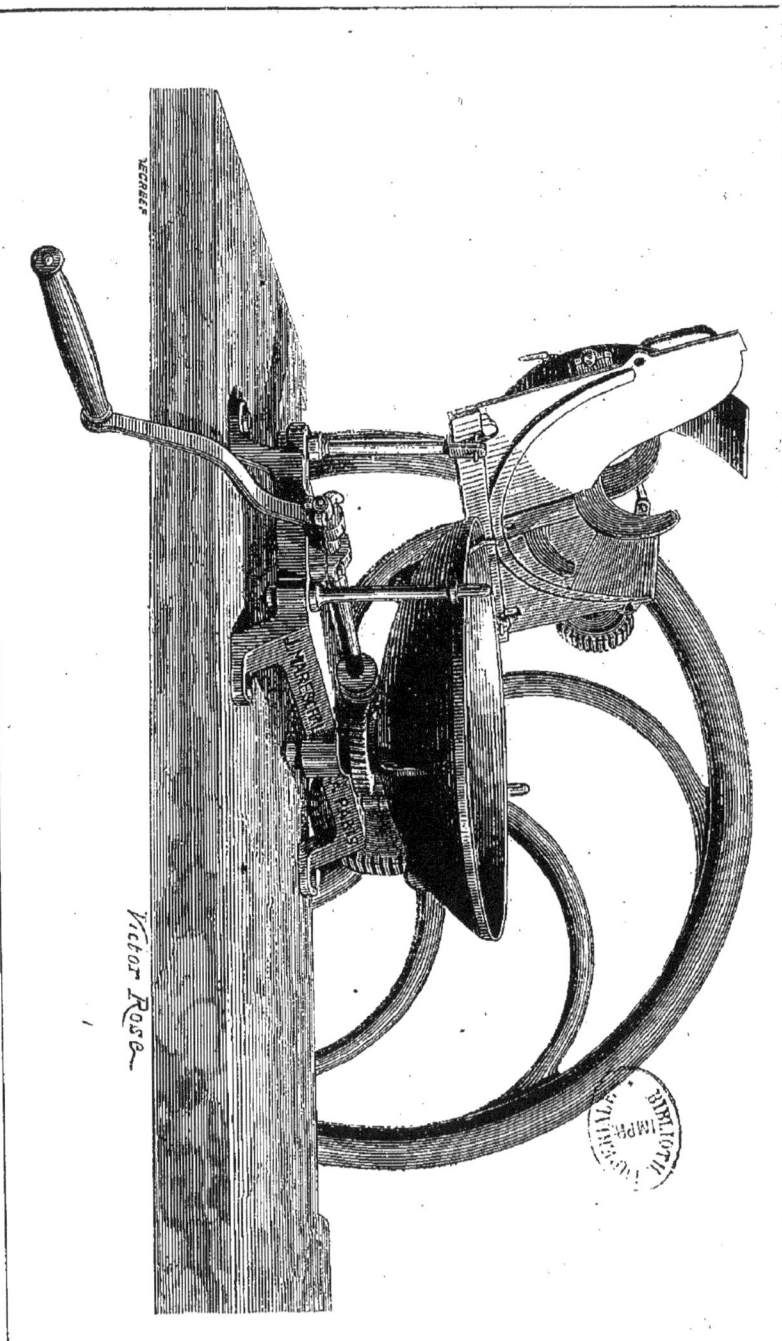

Machine à hacher, système perfectionné, 1869.

MACHINES A HACHER LES VIANDES.

Les chairs hachées entrent, en général, pour une arge part dans les préparations des aliments de l'homme; depuis les plus recherchés jusqu'aux plus communs. Aussi le hachage des viandes est-il un travail important dans la charcuterie moderne ; c'est-à-dire que je crois devoir indiquer, dans ce *traité*, quel est le progrès accompli dans la construction des machines à hacher les chairs.

On est arrivé, aujourd'hui, en fait de ce genre de construction, à un tel degré de perfectionnement qu'il est difficile, je pense, de pouvoir faire mieux. Un aperçu rapide de ce qui a été fait et de ce qui existe dans la fabrication de ces machines suffira pour nous convaincre à ce sujet.

Dans l'espace de cinquante ans, il a été inventé, au moins, plus de vingt à vingt-cinq machines à hacher les viandes, plus ou moins imparfaites les unes que les autres. Bien qu'antérieurement il eût été fait plusieurs essais d'appareils pour hacher les chairs, ce ne fut, néanmoins, qu'en 1832, dans la maison *Véro*, charcutier, que fonctionna la première des machines à hacher les viandes.

Elle consistait en une table rectangulaire allant et venant avec lenteur entre deux coulisses. Plusieurs couteaux à poste fixe frappaient les viandes placées sur la table qui, par son mouvement de va-et-vient, les faisaient passer successivement sous les lames, sur toutes les faces. Mais on s'aperçut bientôt que la table s'usant irrégulièrement sous l'action uniforme des couteaux, ces derniers ne tranchaient plus les chairs d'une manière uniforme. Ce fut un des premiers inconvénients de cette machine; d'un autre côté, comme elle était lourde et très-pesante, elle offrait de grandes difficultés, pour ramener continuellement les viandes sous les couteaux, en la faisant tourner sur elle-même.

Sept ans après le premier fonctionnement de la machine *Véro*, c'est-à-dire le 10 juillet 1839, M. Lehevent, mécanicien, faisant un pas de plus dans la voie du progrès, inventa une nouvelle machine à hacher les viandes; elle se composait de deux cylindres placés horizontalement, tournant l'un contre l'autre, au moyen d'un engrenage mis en mouvement par une manivelle adaptée au premier cylindre et faisant trois ou quatre tours, lorsque l'autre n'en faisait qu'un seul. Le premier cylindre était garni de 40 à 60 disques tranchants; le second cylindre était muni d'un nombre égal de disques à dents disposés de manière à entraîner les viandes. Au moyen de ces deux cylindres mus par une manivelle, les chairs se trouvaient hachées par les tranchants du premier cylindre. Cette machine un peu compliquée et n'exécutant pas un travail régulier, n'eut pas tout le succès que pouvait en espérer son inventeur.

Le 19 septembre 1839, presque à la même époque où parut la machine Lehevent, M. Buguet, de Bordeaux, produisit une nouvelle machine qui faisait arriver les viandes dans une petite boîte cubique en fer, dans laquelle passaient, par un mouvement rapide de va-et-vient, des lames tranchantes droites, glissant dans des fentes ou rainures pratiquées sur les parois verticales de la boîte. Lorsque la machine était mise en mouvement, les petits fragments de chair réduits par les lames, étaient successivement chassés des fentes de l'une des parois dans celles de l'autre parois, chaque fois que

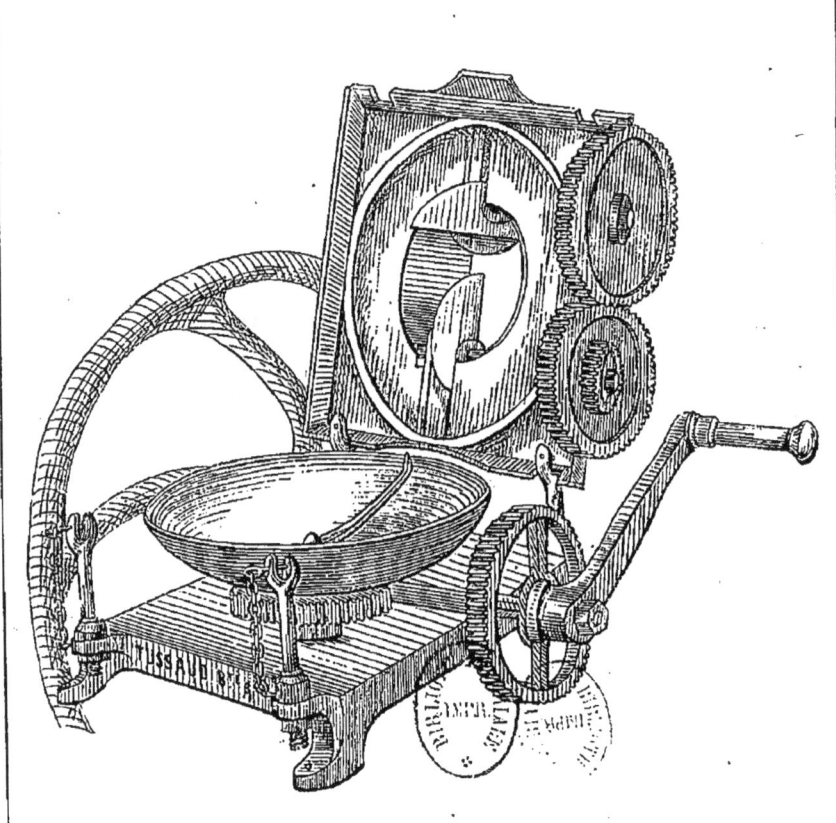

Hachoir Tussaud.

ces mêmes lames, dans leurs mouvements alternatifs, venaient s'y engager. Cette machine eut, pendant quelque temps, une certaine vogue.

Le 8 septembre 1842, M. Douaissé eut l'idée de remplacer la table de la machine *Véro* par un billot tournant sur un pivot, en conservant le jeu de cinq couteaux disposés et mus comme des martinets, c'est-à-dire au moyen d'un arbre à cames. Mais cette machine, qui était un perfectionnement sur celles qui étaient déjà connues, ne résolvait pas encore le problème d'une bonne machine à hacher les chairs.

Cependant la nécessité d'en avoir une qui fût plus parfaite, se faisant généralement sentir, les inventeurs se mirent à l'œuvre; plusieurs systèmes se produisirent alors successivement; et l'Angleterre fut la première qui les adopta avant la France, toutefois, il faut reconnaître que ces machines étaient d'origine française et qu'elles avaient été copiées par les Anglais; ce qui me porte à en revendiquer la propriété pour notre pays.

Le 15 juin 1846, M. Maréchal, habile mécanicien, livrait à la charcuterie une excellente machine à hacher les viandes. Il avait résolu, de la manière la plus heureuse, le problème d'une bonne construction de ces sortes d'appareils. Nous croyons inutile d'en faire la description; elle est d'un fonctionnement facile et produit des résultats qui ne laissent rien à désirer. Elle est, du reste, très-connue dans la charcuterie.

A la même époque, M. Tussaud, mécanicien, inventa à son tour, une machine à hacher les chairs, laquelle, sous le rapport de la confection et du mécanisme, ne laisse aussi rien à désirer. Ces deux machines de MM. Maréchal et Tussaud, méritent également les éloges qui leur ont été décernés, et accomplissent parfaitement bien le travail du hachage des viandes. Nous ajouterons que les machines à pousser les chairs que ces deux inventeurs ont construits sont plus commodes que toutes celles qui les ont précédées; le travail qu'elles exécutent fonctionne admirablement.

Nous reproduirons, au reste, les modèles des machines Maréchal et Tussaud qui sont en usage dans la charcuterie française; leur perfection a même contribué à les faire adopter par les charcutiers étrangers. C'est la meilleure recommandation qu'on puisse en faire.

MACHINE A PRESSER LES GRAS.

Cette presse est d'une grande utilité pour la charcuterie et les fondeurs; elle met à sec les cretons et leur fait rendre toute leur graisse.

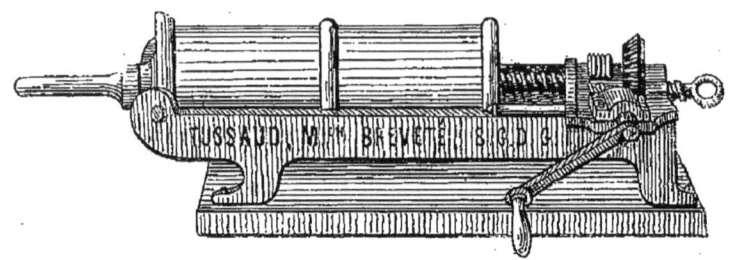

Machine à pousser.

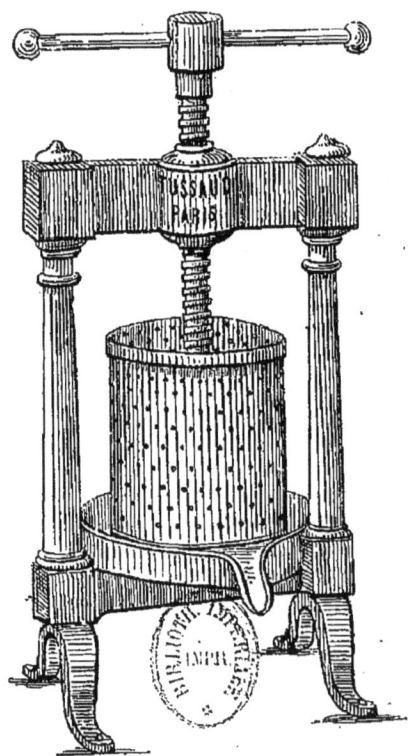

Presse à graisse.

RÈGLEMENTS ET ORDONNANCES

CONCERNANT

LE COMMERCE DE LA CHARCUTERIE DE PARIS.

Avant de publier tous les règlements, les ordonnances et les arrêtés concernant le commerce de la charcuterie, nous croyons utile de faire connaître quelle est la situation actuelle de cette profession, une des plus importantes de toutes celles qui s'exercent dans la capitale. Nous empruntons les détails suivants à l'*enquête* faite par la chambre du commerce en 1860.

SIÉGE DE L'INDUSTRIE.

Bien que disséminés dans tous les arrondissements de Paris, les charcutiers sont en plus grand nombre dans les quartiers des Halles, du Palais-Royal, du Val-de-Grâce, du Faubourg-Montmartre, des portes Saint-Denis et Saint-Martin, des Quinze-Vingts, de Clignancourt et de La Villette, qui en comptent 159.

NOMBRE DES INDUSTRIELS.

En 1860, on en a recensé :
    324 employant de deux à dix ouvriers,
    347 un ouvrier ou travaillant seuls,

Total... 671

IMPORTANCE DES AFFAIRES.

Avec 1243 ouvriers, les charcutiers ont fait, en 1860, 28,895,026 fr. d'affaires. Moyenne par établissement, 43,062 fr.

LOYERS.

Le total de leurs loyers s'est élevé à 865,993 fr., moyenne 1,290 fr. par établissement.

OUVRIERS.

Nombre :

Hommes	981
Femmes	144
Enfants et apprentis au-dessous de seize ans :	
Garçons......... 116	118
Filles............ 2	
Total	1,243

Les hommes, ou garçons charcutiers, sont divisés en premiers et seconds garçons ; suivant leur force physique. Les femmes sont employées au comptoir.

MORTE SAISON.

Pendant l'été, de mai à septembre, les affaires diminuent d'un tiers. Les ouvriers travaillant à l'année ne se ressentent pas de cette morte saison.

ARRÊTÉ PRÉFECTORAL DU 21 SEPTEMBRE 1867.

Art. 3. — Le tarif des droits *de place* à percevoir pour les bestiaux amenés et mis en vente sur le marché est fixé ainsi qu'il suit :

Par tête de porc...................... 0 fr. 50 c.

Ces droits seront perçus autant de fois que les mêmes bestiaux seront mis en vente à des jours différents.

Art. 4. — Pour droits de *séjour* dans le marché après l'heure de la clôture des ventes et pour chaque nuit de séjour, il sera perçu par tête de porc.................................. 0 fr. 10 c.

Art. 5. — Le régisseur est tenu de fournir aux possesseurs des bestiaux amenés sur le marché les fourrages et autres denrées nécessaires à la nourriture des bestiaux aux prix qui seront déterminés d'avance tous les trois mois, par le Préfet de la Seine, d'après le cours des mercuriales. Ces prix seront constamment affichés dans l'intérieur du marché.

10 octobre 1867.

MARCHÉ AUX BESTIAUX DE LA VILLETTE. — RÈGLEMENT. ARRÊTÉ PRÉFECTORAL.

Art. 1er—Les heures d'ouverture et de clôture des ventes, dans le marché aux bestiaux de La Villette, sont réglées, en toute saison, ainsi qu'il suit :

1° Pour les veaux et *porcs*, de dix heures et demie à une heure de relevée.

L'ouverture et la clôture seront annoncées au son de la cloche. Il sera sonné un premier coup de cloche, une heure avant la clôture des ventes de chaque catégorie, pour avertir du renvoi des bestiaux non vendus.

Les bestiaux introduits par les portes de la rue d'Allemagne et les bestiaux se trouvant dans les trains mis à quai, plus d'une heure après les ouvertures des ventes ci-dessus indiquées, ne seront mis en vente que le lendemain.

Art. 2. — Les introducteurs de bestiaux, en arrivant au marché, feront, aux préposés à la recette des droits de marché, la déclaration par écrit du nom et du domicile du propriétaire, du nombre par espèces de bestiaux qu'ils introduiront, et des lieux de provenance, sans préjudice de la déclaration qu'ils doivent faire aux préposés de l'octroi.

Art. 3. — Les introducteurs, aussitôt après avoir remis cette déclaration écrite, acquitteront les droits de place et de séjour, s'il y a lieu, conformément au tarif fixé ; ce payement sera constaté par une quittance détachée du registre à souche, énonçant le nombre et l'espèce des bestiaux introduits sur le marché.

Art. 4. — Aucune introduction des bestiaux dans le marché ne pourra être faite sans que, au préalable, les quantités présentées aient été reconnues et comptées par les employés de l'administration et de la régie.

Immédiatement après cette vérification, les droits dus pour les quantités excédant la déclaration seront acquittés.

Art. 5. — Dans la demi-heure qui précédera la répartition des places, les marchands feront, aux préposés à la recette des droits de marché, la déclaration de la nature et du nombre des bestiaux qu'ils ont à introduire, et acquitteront les droits dus pour ces bestiaux.

Art. 6. — *Places.* — Le sort déterminera l'ordre dans lequel chaque marchand, porteur de quittances, choisira la place destinée par lui aux bestiaux déclarés.

Le tirage au sort des places sera fait chaque jour en toute saison : 1° à sept heures du matin pour les moutons ; 2° à huit heures pour les autres bestiaux.

Art. 7. — Les agents de la régie ne pourront procéder au tirage qu'en présence des agents de la préfecture de la Seine et de la préfecture de police.

Le résultat du tirage et les places choisies par les marchands seront immédiatement indiqués sur un tableau figuratif des emplacements du marché.

Ce tableau sera tenu constamment à la disposition des intéressés.

Art. 8. — Après le tirage au sort, les places restées vacantes seront concédées aux marchands dans l'ordre de l'arrivée de leur bétail sur le marché.

Art. 9. — Le placement des bestiaux sur les emplacements à occuper pourra commencer immédiatement après l'opération du tirage.

Art. 12. — Toute place restée vacante après l'ouverture des ventes sera donnée au marchand qui la réclamera. Si plusieurs marchands la réclament, le sort prononcera entre eux.

Art. 13. — Tous les bestiaux vendus devront être immédiatement retirés du marché, après, toutefois, que les formalités exigées par le service de l'octroi auront été remplies.

Les voitures servant au transport des bestiaux seront retirées après leur chargement.

Elles ne pourront stationner que sur les emplacements spéciaux qui leur seront affectés.

Art. 14. — Il est défendu à toute personne autre que les propriétaires de bestiaux, leurs agents et les ouvriers dûment autorisés, de s'introduire dans les halles avant les heures fixées pour l'ouverture de la vente du bétail qui y est parqué, après les heures fixées pour la fermeture du marché.

Art. 15. — L'entrée des bouveries et des bergeries est interdite à toute personne autre que les marchands et leurs agents.

ARRÊTÉ PRÉFECTORAL DÉTERMINANT LES PRIX DES FOURRAGES ET AUTRES DENRÉES QUI SERONT FOURNIS PAR LE RÉGISSEUR, POUR LA NOURRITURE DES BESTIAUX, PENDANT LE QUATRIÈME TRIMESTRE DE 1867.

12 octobre 1867.

Paille de froment, 33 à 35 francs les 100 bottes.
Paille de seigle, 36 à 38 francs les 100 bottes.
Paille d'avoine, 20 à 22 francs les 100 bottes.
Son, 4 à 4 fr. 50 pour l'hectolitre pesant 25 kilogr.

ORDONNANCE CONCERNANT LA POLICE DU MARCHÉ AUX BESTIAUX DE LA VILLETTE.

Paris, le 12 octobre 1867.

Nous, Préfet de Police,

Vu l'arrêté de M. le Sénateur, Préfet de la Seine, en date du 21 septembre dernier, fixant au 21 octobre, présent mois, l'ouverture du marché aux bestiaux de La Villette et prononçant, à partir de la même époque, la suppression des marchés de Sceaux, des Bernardins, de la halle aux veaux et de La Chapelle,

Ordonnons ce qui suit :

1. Toutes réunions quotidiennes, périodiques ou accidentelles de marchands et d'acheteurs pour le commerce des animaux de boucherie ou de charcuterie, en dehors du marché de La Villette (soit sur la voie publique, soit dans une propriété particulière), devant être considérées comme des marchés interlopes, donneront lieu à des poursuites contre les individus qui les auront établies.

2. Il est interdit au public d'entrer sur les divers carreaux du marché de La Villette avant l'heure d'ouverture des ventes, et d'y séjourner après le coup de cloche annonçant leur clôture.

3. Les propriétaires ou introducteurs de bestiaux, leurs représentants ou leurs agents ne pourront se tenir, avant l'ouverture ou après la clôture des ventes, sur les préaux autres que ceux où se trouveront des animaux leur appartenant, ou qui seront confiés à leurs soins.

4. Aucune vente de bestiaux ne pourra être faite dans les dépendances du marché, ailleurs que sur les préaux assignés

à chaque espèce, ni en dehors des heures de tenue du marché, réglées par l'autorité compétente.

5. Les bœufs et les vaches seront attachés un à un, aux lices supérieures.

Les taureaux seront attachés par de doubles longes (cordes neuves de deux centimètres de diamètre) aux lices qui leur sont réservées.

6. Il est expressément défendu de placer les bestiaux dans les passages ou en dehors des préaux qui leur sont assignés.

7. Les bestiaux vendus, de quelque nature qu'ils soient, devront immédiatement recevoir la marque de l'acquéreur et seront retirés du marché, à la diligence de qui de droit, aussitôt que les formalités exigées par le service de l'octroi auront été remplies.

8. Les animaux invendus devront être retirés des préaux aussitôt après la clôture des ventes, pour être, à la convenance des introducteurs, hébergés dans les bouveries du marché ou conduits hors de l'établissement.

9. Les taureaux ne seront amenés à leur place de vente et ils n'en devront sortir qu'attachés par un double et solide lien derrière une voiture.

Il ne pourra être conduit plus de deux de ces animaux ensemble par la même voiture.

10. Les bœufs et vaches aveugles devront être conduits soit à la main, soit chargés dans une voiture ou attachés derrière.

Les bœufs, vaches et taureaux dits *mal-à-pied* seront conduits en voiture.

Le vendeur d'un animal aveugle ou mal-à-pied est tenu d'en faire la déclaration à l'acquéreur au moment de la vente.

11. Les veaux seront transportés et exposés en vente, debout sans entraves ni ligatures.

12. Les voitures servant au transport des bestiaux seront retirées aussitôt après leur déchargement. Elles ne pourront

stationner que sur les emplacements spéciaux qui leur seront affectés.

13. Tous mauvais traitements envers les animaux seront poursuivis conformément à la loi du 2 juillet 1850.

14. Les travaux relatifs à la conduite, au chargement et au déchargement des bestiaux, au cordage des bœufs, vaches et taureaux, au placement des moutons, veaux et porcs ne pourront être faits sur le marché que par des personnes munies d'une autorisation spéciale de la Préfecture de police, sous réserve, toutefois, de la faculté laissée tant à la régie du marché qu'aux marchands et aux acheteurs, de faire exécuter ceux de ces travaux qui les intéressent particulièrement par des individus attachés à leur service personnel.

15. L'entrée du marché est interdite aux marchands, musiciens et chanteurs ambulants, aux saltimbanques, aux crieurs et distributeurs d'imprimés, ainsi qu'à tous autres individus exerçant ordinairement leur industrie sur la voie publique.

16. Aucun industriel ou marchand quelconque ne peut s'installer sur les voies publiques avoisinant le marché, ni stationner dans les dépendances de l'établissement.

17. Il est expressément défendu de troubler l'ordre dans le marché et ses dépendances par des rixes, querelles, tapage, cris, chants ou jeux quelconques.

18. Les outrages, injures et menaces par paroles ou par gestes, soit envers les agents de l'autorité, soit envers les particuliers, seront punis des peines portées par la loi.

19. Toute offense aux bonnes mœurs ou à la décence publique sera rigoureusement poursuivie devant les tribunaux compétents.

20. Tout différend qui s'élève sur le marché doit être immédiatement porté à la connaissance des préposés de police, qui entendent les parties, les concilient, s'il y a lieu, et, dans le cas contraire, les renvoient devant qui de droit.

21. Seront poursuivis conformément aux dispositions du Code pénal :

1° Ceux qui auront imprudemment jeté des immondices sur quelque personne (C. P., 471);

2° Ceux qui auront tenu ou établi dans le marché des loteries ou d'autres jeux de hasard (C. P., 475, 5°);

3° Ceux qui auront volontairement jeté des pierres ou d'autres corps durs, ou des immondices sur quelqu'un (C. P., 475, 8°);

4° Ceux qui auront refusé de recevoir les espèces de monnaies nationales non fausses ni altérées, selon la valeur pour laquelle elles ont cours (C. P., 475, 11°);

5° Ceux qui auront méchamment enlevé ou déchiré les affiches apposées par ordre de l'administration (C. P., 479, 9°);

22. Il est défendu aux pères, mères, tuteurs, maîtres ou patrons, de laisser courir et jouer à l'abandon dans le marché et ses dépendances, leurs enfants, pupilles ou apprentis, sous les peines portées en l'art. 471, § 15 du Code pénal, sans préjudice, le cas échéant, de la responsabilité spécifiée en l'art. 1384 du Code Napoléon.

23. Il est expressément défendu :

1° De crayonner et d'afficher sur les murs, fers ou boiseries, tant de l'intérieur que de l'extérieur du marché;

2° De détruire ou endommager aucune des parties ou quelque objet que ce soit, dépendant de l'établissement;

3° De déposer des immondices en dehors des locaux affectés à cet usage;

4° D'uriner ailleurs que dans les urinoirs établis sur le marché.

24. Les animaux de boucherie et de charcuterie qui seront abandonnés sur le marché ou qui s'y trouveront sans propriétaires connus, et ceux qu'il y aura lieu de consigner d'office pour faire cesser les contraventions aux règlements,

seront conduits à la fourrière spéciale établie dans les dépendances de l'établissement.

25. Le service de cette fourrière sera dirigé et le contrôle en sera opéré par un des inspecteurs de police du marché, désigné par nous à cet effet.

Le garçon de bureau de l'inspection du marché remplira l'office de gardien de ladite fourrière.

Aucune rétribution n'est due, par les intéressés, aux préposés ci-dessus mentionnés, pour l'entrée, la garde ou la sortie des animaux consignés.

26. Il sera tenu, au bureau d'inspection du marché, un registre sur lequel seront inscrits, jour par jour, et par ordre numérique, les bestiaux entrés à la fourrière.

Ce registre contiendra le signalement des animaux, la date et l'heure de leur entrée. Il sera communiqué à toute personne qui en fera la demande, pour faciliter la recherche des animaux perdus.

27. Les personnes qui viendront reconnaître les animaux entrés en fourrière devront être autorisées à les visiter par l'inspecteur-contrôleur, et seront accompagnées dans cette visite par ce chef de service ou par le gardien.

28. Les animaux ne seront rendus à leurs propriétaires qu'après justification suffisante, et, s'il y a lieu, sur le vu de la quittance, délivrée par la régie du marché, constatant le payement des frais de séjour et de nourriture réglés suivant les tarifs mentionnés aux art. 4 et 5 de l'arrêté de M. le Sénateur, Préfet de la Seine, en date du 21 septembre 1867.

29. En aucun cas, les animaux ne pourront rester en fourrière plus de huit jours ; à l'expiration de ce délai, ils seront remis à l'administration des Domaines.

30. Les détails de service de la fourrière du marché à bestiaux de La Villette seront réglés par un arrêté de police spécial.

L'arrêté du 28 février 1839, concernant la Fourrière générale, continuera de recevoir son exécution, en tout ce qui n'est pas contraire aux dispositions des articles précédents.

31. Sont abrogés les articles de l'ordonnance de police du 25 mars 1830, relatifs aux marchés d'approvisionnement de boucherie de Paris.

Sont également abrogés les ordonnances, arrêtés et règlements de police particuliers, concernant les anciens marchés, situés dans le ressort de notre Préfecture, qui cessent d'être ouverts au commerce des bœufs, vaches, veaux, taureaux, moutons et porcs.

Concours des animaux de l'espèce porcine.

Ce concours a été institué par arrêté de S. Exc. le ministre de l'agriculture et du commerce, en date du... 1854.

Il est annuel et a lieu les lundi, mardi et mercredi de la semaine sainte.

L'exposition des animaux admis au concours dure trois jours.

Le mandataire général, président du commerce de la charcuterie de Paris, est l'un des membres du jury de ce concours.

RÈGLEMENTS ET ORDONNANCES CONCERNANT LA VENTE
DE LA VIANDE DE PORC SUR LES MARCHÉS.

Extrait. — Les charcutiers qui auront vendu ou acheté des places dans les marchés, en seront exclus définitivement. Les exclusions prononcées seront mises à exécution immédiatement, c'est-à-dire sans attendre le mois suivant.

ADMISSION DES CHARCUTIERS DE PARIS A L'APPROVISIONNEMENT DES HALLES ET MARCHÉS.

Décision de M. le Préfet de police.

17 Juillet 1840.

MM. les marchands charcutiers en exercice dans la ville de Paris sont admis à concourir avec les marchands charcutiers forains pour l'obtention des places de gargots au marché des Prouvaires.

D'après un décision de M. le Préfet de police, du 7 novembre 1853, les charcutiers établis avec permission sont admis à débiter les différents articles de leur commerce sur tous les marchés de Paris, même sur ceux qui tiennent sur la voie publique.

Les salaisons, c'est-à-dire les jambons, lard salé et saucissons de province, ne peuvent être débités par des placiers non charcutiers que dans les marchés couverts.

Les épiciers, fruitiers et marchands de comestibles ne peuvent débiter que ces trois articles de salaison. Cette tolérance résulte de plusieurs circulaires préfectorales qui ont, surtout, interdit le débit du *porc frais* et des *articles manipulés à tous autres qu'aux charcutiers autorisés*.

Décision de M. le Préfet de police.

Les mandataires généraux du bureau du commerce de la charcuterie, ayant adressé à M. le Préfet de police Delessert, une demande à cet effet, ils ont obtenu que, *suivant l'ancien usage*, les commis-peseurs du marché des Prouvaires, délivreraient aux charcutiers acheteurs, une copie de l'étiquette de chaque vente qui est remise au vendeur.

Des bulletins imprimés aux frais des charcutiers sont remis aux employés du pesage, par les soins des mandataires généraux.

FOIRE AUX JAMBONS.

Ordonnance de police du ... 1866.

Art. 1er. La foire aux jambons aura lieu, suivant l'usage, pendant trois jours consécutifs, les *mardi, mercredi et jeudi* de la semaine sainte, depuis six heures du matin jusqu'à sept heures du soir.

La clôture des ventes sera annoncée par le son de la cloche.

2. La foire se tiendra sur le boulevard Bourdon, à partir de l'extrémité nord du Grenier d'abondance (côté de la place de la Bastille), en se prolongeant vers la rivière.

Les voitures des marchands forains seront placées sur un seul rang, côté ouest du boulevard. Elles seront rangées roue contre roue, sur la contre-allée, deux voitures dans chacun des intervalles qui séparent les arbres, de manière à laisser libre le trottoir bitumé. La ligne de ces voitures sera interrompue, sur une largeur de quatre mètres, dans la partie qui fait face à chacun des quatre pavillons du Grenier d'abondance.

Les étalages des marchands qui ne conservent pas leurs voitures, seront installés sur le côté est du boulevard, entre les arbres du rang le plus rapproché de la chaussée, de manière à laisser également libre le trottoir bitumé.

Il y aura deux places dans chacun des intervalles compris entre deux arbres.

— 287 —

Si les besoins du service l'exigent, il sera formé au milieu un troisième rang (voitures ou étalages), qui commencera par l'extrémité du boulevard du côté de la rivière.

Les marchands vendant sur voitures seront classés par départements.

Ils ne pourront placer en ligne qu'une seule voiture.

3. Pendant la durée de la foire, la circulation des voitures sera interdite sur le boulevard Bourdon.

4. Les marchands qui voudront approvisionner la foire, devront en faire la déclaration au préposé chargé de sa surveillance, dont le bureau sera établi dans le pavillon nord du Grenier d'abondance, savoir :

1º Les marchands étalagistes, le dimanche 29 mars, depuis sept heures jusqu'à onze heures du matin ;

2º Les marchands sur voitures, le lundi 30 mars, également depuis sept heures jusqu'à onze heures du matin.

La déclaration de chaque marchand devra être accompagnée du dépôt :

1º De sa patente ou d'un certificat en bonne forme, délivré par les autorités locales, du lieu de sa résidence.

2º De la quittance d'octroi, constatant l'acquittement du droit à Paris pour les marchandises de provenance extérieure.

Immédiatement après la clôture des inscriptions, qui aura lieu le lundi à onze heures du matin, un tirage au sort déterminera l'emplacement qu'occupera chaque marchand, et il lui sera délivré un numéro indicatif de cet emplacement.

Il ne sera donné qu'une place à chaque marchand étalagiste.

Les titulaires de places tiendront leurs places par eux-mêmes, leurs femmes ou leurs enfants âgés de plus de seize ans.

5. Les marchandises seront reçues à la foire dès le lundi 30 mars toute la journée, et les jours de la foire *jusqu'à midi seulement*, même le dernier jour.

La quotité de ces marchandises devra être déclarée au fur et à mesure de leur apport.

6. Les marchands seront tenus de placer au point le plus apparent de leur étalage :

1° Le numéro qui leur a été délivré après le tirage au sort des places ;

2° Un écriteau indiquant leur nom et le département dans lequel ils sont domiciliés.

En se retirant de la foire, les marchands devront remettre au préposé chargé de la surveillance, le numéro précité, qu'ils ne pourront, sous aucun prétexte, échanger, prêter ni céder à qui que ce soit.

7. Les marchands pourront exposer en vente à la foire toute espèce de marchandises de charcuterie, à l'exception du porc frais.

8. Il est expressément défendu d'exposer en vente des comestibles gâtés, corrompus ou nuisibles ; ces comestibles seront saisis et détruits conformément à la loi.

Toute tromperie envers le public, soit sur le poids, soit sur la quantité ou la qualité de la marchandise, sera poursuivie devant les tribunaux.

9. Il est défendu de faire usage de balances et de poids qui n'auraient pas été vérifiés.

Il est enjoint aux marchands de placer leurs balances et leurs poids en évidence.

10. Les marchands sont tenus de ranger leur étalage le plus près possible des arbres, de manière toutefois à ne point les endommager et à empêcher toute circulation entre les arbres et les étalages.

Ils sont tenus également de ne planter aucun clou ni chevêtre soit sur les arbres, soit sur la barrière en bois qui sépare la contre-allée du Grenier d'abondance, de ne faire aucune dégradation aux murs de cet établissement, de ne placer aucune marchandise ou autres objets sur les bancs du boulevard, de n'y faire aucune espèce de construction, et de ne déposer ni ordures ni immondices sur les points affectés à la tenue de la foire.

Il est également fait défense d'uriner ailleurs que dans les urinoirs publics qui seront installés sur le boulevard Bourdon.

11. Il ne pourra s'établir dans l'intérieur de la foire aucun étalagiste de viandes préparées, menus comestibles ou boissons. Les marchands de comestibles, même ambulants, resteront au dehors de la foire, et s'ils désirent former un étalage, ils s'adresseront au commissaire de police de la section de l'Arsenal, qui leur indiquera individuellement l'emplacement qu'ils pourront occuper.

12. La clôture de la foire aura lieu le 2 avril à sept heures du soir. *Il est défendu aux marchands de continuer leur vente après ce terme, soit sur l'emplacement de la foire, soit sur tout autre point de la voie publique.*

13. *Il est également défendu aux marchands de se réunir pour continuer leurs ventes et constituer des marchés illicites dans les auberges, cours de maisons particulières et autres lieux clos ou non, soit pendant la tenue de la foire, soit avant ou après.*

Il est défendu aux aubergistes et à tous autres de se prêter à de telles réunions et ventes, ou de les tolérer.

14. Les contraventions seront constatées par des procès-verbaux ou rapports qui nous seront adressés sur-le-champ.

15. La présente ordonnance sera imprimée, publiée et affichée.

ORDONNANCE DE POLICE CONCERNANT LA VENTE DU PORC FRAIS ET SALÉ DANS LES MARCHÉS.

Du 3 mai 1849.

Art. 1er. La vente en gros et en détail du porc frais et salé, et des issues de porc, qui a lieu au marché des Prou-vaires les mercredis et samedis, en exécution des ordonnances de police des 4 floréal an XII (24 avril 1804), 30 avril 1806 et 2 avril 1818, pourra s'étendre désormais aux lundi, jeudi et dimanche de chaque semaine.

2. Il sera ultérieurement statué sur les modifications qui devront résulter de cette extension de la vente, dans le tarif du prix des places au marché des Prouvaires, réglé par l'ordonnance de police du 25 janvier 1836.

3. La vente en détail de la viande de charcuterie, dans les marchés Saint-Germain, des Carmes et des Blancs-Manteaux, limitée aux mercredis et samedis, par l'ordonnance du 4 juin 1823, pourra s'étendre désormais à tous les jours de la semaine, à charge par les marchands d'acquitter le prix de leurs places, conformément au tarif fixé par cette ordonnance.

4. La présente ordonnance sera imprimée et affichée, etc.

EXTRAIT DE L'ORDONNANCE CONCERNANT LA VENTE A LA CRIÉE, AU MARCHÉ DES PROUVAIRES, DES VIANDES DE TOUTE ESPÈCE, EXPÉDIÉES DES DÉPARTEMENTS.

Paris, le 21 mai 1849.

Art. 3. Le facteur à la criée aura droit à une commission de 1 %, sur le produit brut des viandes vendues par son entremise, indépendamment du remboursement de ses déboursés, pour droits d'octroi, transport, déchargement, gardage, ports de lettres, etc. — Le produit net des ventes sera par lui payé comptant aux propriétaires des marchandises.

4. A leur arrivée au marché, les viandes destinées à la vente à la criée seront reçues par les gardiens, et, s'il y a lieu à les mettre en resserre, elles y seront conservées par les soins de ces employés, aux conditions du tarif ci-annexé.

Nota. — Par ordonnance du 30 octobre 1848, le droit d'abri ou de marché, auquel sont astreintes les viandes vendues à la criée au marché des Prouvaires, a été fixé à 2 centimes par kilo, indépendamment du droit dû au facteur, qui est fixé à 1 centime par kilog.

6. Avant leur exposition en vente, ces viandes seront examinées, et celles qui seront trouvées gâtées, corrompues ou nuisibles, seront saisies et détruites. (Art. 475 et 477 du Code pénal.)

7. La présente ordonnance sera imprimée, publiée et affichée, etc.

ORDONNANCE DE POLICE MODIFIANT LES ART. 1 ET 2 DE L'ORDONNANCE DU 3 MAI 1849, CONCERNANT LA VENTE A LA CRIÉE, AU MARCHÉ DES PROUVAIRES, DES VIANDES DE TOUTE ESPÈCE EXPÉDIÉES DES DÉPARTEMENTS.

Du 24 août 1849.

Art. 1er. Les art. 1er et 2e de l'ordonnance du 3 mai 1849 ont été modifiés de la manière suivante :

Nota. — Par ordonnance du 28 mars 1858, à compter du 1er avril 1858, les viandes de porc arrivant directement de l'extérieur sont reçues au marché des Prouvaires, pour y être vendues à la criée par l'entremise d'un facteur commis à cet effet et contrôlé par les agents du service des halles et marchés.

Une factorerie spéciale pour la vente en gros des viandes de porc sur le marché à la criée des halles centrales, a été créée par cette ordonnance de police.

M.   est chargé de ce service, à la garantie duquel son cautionnement est affecté.

2. Il n'est aucunement dérogé aux autres dispositions de l'ordonnance du 3 mai 1849.

3. La présente ordonnance sera imprimée, publiée et affichée, etc.

EXTRAIT DE L'ORDONNANCE DE POLICE DU 6 FÉVRIER 1851.

Art. 2. Conformément à la décision ministérielle du 30 octobre 1848, le droit de place à percevoir, au profit de la ville de Paris, sur les viandes qui seront apportées à la vente à la criée, est fixé à *deux centimes* par kilogramme.

Ce produit sera versé chaque semaine par le facteur, et plus souvent, s'il y a lieu, entre les mains du receveur des perceptions municipales.

3. La vente aura lieu tous les jours ; elle ouvrira à dix heures.

Elle se continuera, sans interruption, jusqu'à la fin des enchères qui ne pourront être moindre de *deux centimes* par kilogramme.

10. Il est expressément défendu au facteur et à tous employés attachés au service de la vente à la criée, de se livrer, sous quelque prétexte que ce soit, au commerce des viandes.

11. Les viandes arrivées trop tard pour être vendues et celles qui n'auront pu l'être le jour même de leur arrivée resteront en dépôt dans l'intérieur de l'abri, sous la responsabilité des gardiens, pour être représentées à la vente du lendemain.

12. Les viandes à destination de la vente à la criée devront y être conduites directement.

Il ne peut, sous aucun prétexte, en être déposé ni vendu ailleurs.

14. Les viandes provenant de la vente à la criée ne pourront être colportées ni être vendues en ville, si ce n'est dans les établissements de boucherie autorisés et dans les marchés pourvus d'étaux (1).

Droits de douanes et d'octrois.

Un décret du 14 septembre 1853, réduit, *jusqu'à ce qu'il en soit autrement ordonné,* le tarif d'entrée sur les bestiaux étrangers, savoir :

Bœufs, vaches, à....................	5 fr. » c.
Porcs, à........	» 25 c.
Au lieu de 11 fr.	
La viande salée de bœuf, veau et porc, à...	10 »
Au lieu de 33 fr.	

LOI RELATIVE A LA PERCEPTION DES DROITS D'OCTROI
SUR LES BESTIAUX.

10 mai 1846.

Art. 1er. A partir du 1er janvier 1847, les droits d'octroi sur les bestiaux de toute espèce seront établis à raison du poids des animaux et perçus au kilogramme.

---

(1) Cette disposition prohibitive, quoique spéciale au colportage des viandes de boucherie, s'applique au colportage des viandes de charcuterie. (Voir art. 6 de l'Ordonnance de police du 4 floréal an XI, 24 avril 1804.)

Néanmoins, ces mêmes droits pourront continuer à être fixés par tête, par les octrois où la taxe sur les bœufs n'excèdera pas 8 fr.

2. La conversion du droit par tête en droit au poids ne devra donner lieu à aucune augmentation du produit actuellement perçu.

Cette disposition sera applicable aux communes qui auront opéré la transformation et augmenté leurs tarifs avant la promulgation de la présente loi.

3. A l'égard des villes ou bourgs dont les octrois sont affermés, la conversion de la taxe par tête en taxe au poids ne pourra avoir lieu avant l'expiration des baux qu'avec le consentement du fermier de l'octroi.

4. A dater de la promulgation de la présente loi, aucune adjudication d'octroi n'aura lieu, sauf l'exception établie par le deuxième paragraphe de l'art. 1er, que sur un tarif par lequel les bestiaux sont imposés au poids.

5. La viande dite *à la main*, ou par quartiers, ne pourra pas être soumise à l'entrée dans les villes à un droit supérieur aux droits d'abattoirs et d'octroi sur les bestiaux de toute espèce.

6. Un tableau représentant le total des octrois par chapitres de perception et par communes, sera annexé annuellement aux comptes généraux du ministère de l'intérieur.

Il comprendra :

1° Le nombre et les quantités de chaque espèce de bestiaux ayant acquitté le droit d'octroi ;

2° Le montant du produit des droits perçus sur chaque espèce de viande ;

3° Le prix de vente au consommateur.

TARIF DES DROITS D'OCTROI, DÉCIME COMPRIS, RÉDUITS EN EXÉCUTION DU DÉCRET IMPÉRIAL DU 3 NOVEMBRE 1855, ET DE L'ARRÊTÉ DE M. LE PRÉFET DE LA SEINE, DU 6 NOVEMBRE 1855.

1° *Charcuterie et comestibles.*

	cent.	mill.
Viande fraîche de porc sortant des abattoirs, le kilog.	9	74
Les mêmes viandes et graisses *comestibles* de toute nature :		
Venant de l'extérieur, lards salés et petit salé de porc.	11	61
Venant de l'extérieur.	11	61
Droit d'abattoir (1), d°.	2	»
Pannes, crépines, ratis, gras de porc (fondus ou non), d°.	9	74
Issues de porcs, pieds, tête, queues et abats rouges, d°.	4	18
Viandes travaillées, fumées, salées, saucissons, jambons, lards et poitrines, d°.	22	78

NOTA. — Il est consigné, pour l'entrée dans Paris d'un porc vivant, qu'elle qu'en soit la grosseur ou le poids, une somme de 14 francs, laquelle reste déposée jusqu'après l'abattage de ce porc.

Truffes, pâtés et terrines truffés, volailles et gibier truffés, faisans, gélinottes, ortolans et becsfigues.	1	32
Volailles de toutes espèces, *autres que dindes*, et *oies domestiques*, gibier à plumes,		

---

(1) La viande des bestiaux abattus à l'extérieur, paye le droit d'abattoir comme celle des bestiaux abattus dans l'intérieur.

autre que celui désigné ci-dessus, sangliers, marcassins, chevreuils, daims, cerfs, *lièvres et lapins de garenne*, pâtés et terrines *non truffés*, viandes confites, anchois et autres poissons marinés ou à l'huile...................... 3 30

Dindes, oies et lapins domestiques......... 1 65

2° *Boucherie.*

Viande de bœuf, veau et mouton, le kilog.. 9 74
Droit d'abattoir, d°...................... 1 »

NOTA.— Ce droit tient lieu de celui que percevait la Caisse de Poissy et des droits d'abattage.

Suifs en branches ou fondus, d°, y compris double décime......................... 7 20
Droit de fonte, d°...................... 1 »
Abats de veau, têtes, pieds et fressures, d°, (1)................................. 8 31

3° *Fourrages.*

Double décime compris.

Foin, sainfoin, luzerne et autres fourrages, 100 bottes de 5 kil..................... 6 »
Paille, 100 bottes de 5 kil.............. 2 40
Avoine, l'hectolitre.................... 1 50
Orge   — 1 92

COMBUSTIBLES.

fr. c.

34. Charbon de bois, charbon artificiel et

___

(1) Les abats de bœuf et ceux de mouton ne sont pas imposés; mais lorsque les langues des bœufs sont séparées des têtes, elles supportent les droits comme la viande, soit 9 cent. 724 mill. le kilog.

Il en est de même pour les rognons lorsqu'ils sont séparés du suif.

	fr.	c.
toute composition pouvant remplacer le charbon de bois, l'hectolitre...................	»	50
35. Poussier de charbon de bois, tan carbonisé et toute composition pouvant remplacer le poussier de charbon de bois et ne dépassant pas sa dimension, l'hectolitre................	»	33
36. Charbon de terre, coke et tourbe carbonisée ou épurée, goudrons et résidus provenant de la houille et du gaz, non imposables comme essences, les 100 kil....................	»	60

ORDONNANCE ROYALE APPROBATIVE DU RÈGLEMENT POUR LA PERCEPTION DES DROITS D'OCTROI ET D'ABATTOIR AU POIDS SUR LA VIANDE DE BOUCHERIE ET DE CHARCUTERIE, A PARIS, EN REMPLACEMENT DES DROITS PAR TÊTE ÉTABLIS SUR LES BESTIAUX.

23 décembre 1846.

Art. 1er. A partir du 1er janvier 1847, la perception des droits d'octroi sur la viande de boucherie et la viande de charcuterie, à Paris, aura lieu conformément aux tarifs et règlements ci-annexés.

RÈGLEMENT. — DROITS D'OCTROI.

Art. 1er. A partir du 1er janvier 1847, les droits d'octr établis par tête, au profit de la ville de Paris, sur les bœufs, vaches, veaux, moutons, porcs et sangliers, ainsi que les droits de la caisse de Poissy perçus sur les quatre premières espèces de ces bestiaux, seront remplacés par des droits au poids auxquels seront soumis également les boucs et les chèvres.

Ces droits, ainsi que ceux dus pour la viande dite à la main, apportée de l'extérieur, pour la charcuterie, les abats et issues, les suifs et autres provenances des bestiaux ci-dessus désignés, seront perçus conformément au tarif ci-annexé et aux dispositions réglementaires qu'il renferme.

2. Les bestiaux ci-dessus désignés seront déclarés aux barrières, et l'entrée en sera permise sous l'engagement de les conduire, soit aux abattoirs publics, soit au marché de l'intérieur, ou, à défaut, d'acquitter par tête un droit *fixe* représentant ceux d'octroi et d'abattoir que les diverses autres parties des animaux auraient pu produire, savoir :

Par bœuf, de..........................	53
Par vache, de.........................	35
Par veau, de..........................	11
Par mouton, bouc ou chèvre, de.........	4
Par porc, de...........................	14

Toutefois, le cautionnement ou la consignation de ce droit ne seront point exigés pour les bestiaux destinés aux abattoirs et déclarés par les bouchers eux-mêmes, par les charcutiers ou par les agents des uns ou des autres accrédités par eux auprès de l'octroi, et dont ils se reconnaîtront responsables; mais la consignation devra toujours être effectuée quand il s'agira de bestiaux destinés au marché public.

3. A leur arrivée dans les abattoirs, les bestiaux seront reconnus et comptés, et décharge sera donnée de l'engagement pris à la barrière d'introduction pour tous ceux qui auront été représentés.

Le droit fixé par l'article qui précède sera exigé immédiatement pour les bestiaux manquants, sans préjudice des procès-verbaux de saisie, qui pourront toujours être rapportés en cas de soustraction frauduleuse.

4. Les consignations effectuées pour des bestiaux conduits au marché, seront remboursées par le receveur dépositaire, sur la remise de la quittance et la représentation d'un certificat délivré par les employés de l'octroi près du marché, constatant l'engagement pris par l'acquéreur de faire arriver les

bestiaux à l'abattoir, ou, sinon, d'acquitter le droit *fixe* déterminé par l'article 2 ci-dessus.

En cas de non-vente ou d'enlèvement pour l'extérieur, le remboursement aura lieu sur un certificat constatant le départ du marché, suivi de la constatation de la sortie des bestiaux de Paris.

5. Les abattoirs publics affectés au service de la boucherie de Paris sont déclarés entrepôts pour les viandes, suifs et pieds de bœufs ou de vaches. Les bouchers pourront faire des envois a l'extérieur en franchise du *droit d'octroi*, à la charge de justifier de la sortie de Paris des quantités par eux déclarées.

6. Le Préfet de la Seine, sur la proposition de l'administration, déterminera les bureaux de sortie, ainsi que le minimum des quantités qui pourront être enlevées à destination de l'extérieur. En cas d'escorte, à défaut d'autre garantie, l'indemnité à payer par l'expéditeur, sera d'un franc par conduite ou voiture, comme il est réglé par le passe-debout.

7. Les portes et grilles des abattoirs sont assimilées aux barrières. Les employés en ont la garde et peuvent opérer sur les chargements toutes les vérifications et recherches que les lois et règlements autorisent à faire aux entrées de Paris. Ils ont accès dans toutes les parties des abattoirs pour s'assurer qu'il ne s'y prépare aucune tentative frauduleuse. Ils en gardent et en surveillent l'enceinte, peuvent constater dans ces établissements toutes les contraventions qui s'y commettraient sous la protection de la loi.

8. Les porteurs ou conducteurs de viandes ou autres objets soumis aux droits, à leur enlèvement des abattoirs, sont tenus de faire au bureau de l'octroi la déclaration prescrite par les art. 10 de la loi du 27 vendémiaire an VI et 28 de l'ordonnance royale du 9 décembre 1814; de représenter les notes de pesage et autres pièces contenant l'indication des objets et quantités dont se composent les chargements, et,

s'ils sont destinés pour Paris, d'en acquitter les droits *avant de les pouvoir faire sortir* des abattoirs, sous les peines portées par la loi du 29 mars 1832, en raison des quantités non déclarées. Ils sont tenus aussi, comme le prescrit l'article 28 précité, de faciliter toutes les opérations nécessaires aux vérifications des employés.

9. Afin de rendre plus rapide l'enlèvement de la viande destinée aux étaux des bouchers et charcutiers, on pourra, exceptionnellement à la règle posée dans l'article 8 ci-dessus, admettre ceux de ces redevables qui fourniront un cautionnement ou une caution agréée par l'administration de l'octroi, à n'acquitter les droits qu'à des jours désignés.

Les conditions de ce délai seront déterminées par le préfet de la Seine, sur la proposition de l'administration de l'octroi (1).

10. Si l'administration de l'octroi le reconnaît praticable, elle pourra faire vérifier les déclarations de sortie par le pesage des voitures et de leur chargement, mais sous la condition que, préalablement, les voitures seront pesées à vide, que les diverses parties en seront poinçonnées, et qu'elles porteront les numéros et autres indications nécessaires pour les faire reconnaître. Tout changement apporté dans la construction des voitures ou des pièces qui les composent sans en avoir fait la déclaration aux employés et demandé un nouveau pesage, toute altération des marques précédemment apposées, fera perdre aux contrevenants les avantages de ce mode de vérification, lequel, d'ailleurs, n'exclut ni n'atténue en rien le droit qu'ont toujours les employés de l'octroi de

---

(1) Par traité avec l'octroi de Paris et les mandataires généraux du Bureau de commerce de la charcuterie de Paris, le payement des droits d'octroi sur les viandes de porc sortant des abattoirs n'a lieu qu'une seule fois, le samedi de chaque semaine.

L'avance du montant de ces droits est faite par le Bureau, qui s'en rembourse la semaine suivante.

faire peser les viandes isolément à la sortie des abattoirs, ainsi que les autres objets imposés au poids.

11. Un arrêté du préfet de la Seine, concerté avec le préfet de police, déterminera, sur la proposition de l'administration de l'octroi, les heures de sortie des abattoirs des viandes et autres produits soumis aux droits, ainsi que de toute autre voiture chargée.

12. Les taureaux, vaches laitières et autres bestiaux dénommés dans l'article 1er du présent règlement, entretenus dans Paris ou admis en transit momentané ou en passe-debout, seront soumis à la consignation fixée par l'article 2.

Ces consignations seront remboursées, soit sur la justification de la sortie de ces bestiaux de Paris, soit après la vente qui en aurait eu lieu sur le marché de l'intérieur, et en produisant les justifications mentionnées par l'article 4.

Droits d'abattoir.

13. Les droits d'abattoir par espèce et par tête de bétail, établis par l'ordonnance royale du 16 août 1815, sont remplacés par une taxe unique de deux centimes par kilogramme de viande, laquelle sera perçue à la sortie des abattoirs, comme le droit d'octroi, sur la viande provenant de tous les animaux compris au tarif ci-annexé.

Le droit de fonte des suifs est réduit à un franc par cent kilogrammes de suif fondu, et sera payé également à la sortie de l'abattoir, quelle que soit sa destination.

Il n'est rien changé à la quotité ni au mode de perception des droits de cuisson ou de préparation des tripées de bœuf, vache ou mouton.

Il continuera à être tenu un compte distinct des produits de ces divers droits qui, n'étant pas passibles du dixième revenant au trésor sur les recettes nettes de l'octroi, ne doivent pas être confondus avec ces dernières.

TARIF des droits d'octroi à percevoir au poids, par la ville de Paris, sur la viande et les autres provenances des bestiaux, en remplacement des droits imposés actuellement par tête.

DÉSIGNATION des OBJETS ASSUJETTIS AUX DROITS.		MESURE NOMBRE ET POIDS.	DROITS D'OCTROI décime compris.	DISPOSITIONS RÉGLEMENTAIRES.
Viande de bœuf, vache, mouton, bouc et chèvre.	sortant des abattoirs de Paris............	kil. 100	fr. c. 9. 74	Les agneaux et chevreaux vivants, non conduits aux abattoirs, acquittent l'entrée, comme viande à la main, à raison de 60 % de leur poids brut.
	venant de l'extérieur, dite viande à la main......	Id.	11. 61	Aucune déduction n'est faite sur le poids des animaux abattus, de toute espèce, pour la peau qui y serait encore adhérente, ni pour les abats et issues qui n'en auraient point été séparés.
Abats et issues de veaux sortant des abattoirs ou venant de l'extérieur................................		Id.	8. 31	Les langues de bœuf ou de vache payent comme viande. On en évalue le poids lorsqu'elles tiennent encore à la tête. Les cervelles et rognons des mêmes animaux, les foies, ris et cervelles de veau et les rognons de mouton, détachés des issues, payent également comme viande.
Porcs abattus et sangliers, viande dépecée fraîche provenant de ces animaux, cochons de lait et marcassins morts ou vivants, graisse, gras de porc et ratis, fondus ou non..................	sortant des abattoirs publics de la ville de Paris	Id.	9. 74	Le droit de la viande de boucherie à la main et celui des porcs abattus est dû, conformément à l'art. 56 de l'ordonnance du 9 décembre 1814, sur les animaux nés dans l'intérieur, ainsi que sur ceux entrés vivants sous consignation et abattus exceptionnellement hors des abattoirs publics.
	venant de l'extérieur.....	Id.	11. 61	
Saucissons, jambons, viandes fumées ou salées de toute espèce, et toute charcuterie....................		Id.	22. 78	Il sera fait une déduction de 20 % sur le poids brut des porcs qui seraient présentés vivants.
Abats et issues de porc sortant des abattoirs ou venant de l'extérieur..............................		Id.	4. 18	
Suifs de toute espèce, bruts ou fondus, en pain, chandelles ou sous toute autre forme, flambarts ou vieux oing et graisses de toute espèce non employées comme combustibles, sortant des abattoirs ou venant de l'extérieur................................		Id.	7. 20	Les suifs mélangés de graisse ou de toute autre substance, les chandelles, torches ou lampions composés des mêmes mélanges acquittent comme suifs et pour leur poids intégral.
Pieds de bœuf ou de vache sortant des abattoirs ou venant de l'extérieur, pour l'huile qu'ils contiennent et à raison de 12 pieds pour 1 litre,..................		Douze pieds ou dans la proportion.	» 30	

ORDONNANCE DE POLICE CONCERNANT LA POLICE DES
ABATTOIRS A PORCS DE PARIS.

23 octobre 1854.

Art. 1er. Les abattoirs publics pour les porcs, établis à Paris, l'un rue des Fourneaux, l'autre, rue Château-Landon, continueront d'être affectés exclusivement à l'abattage et à l'*habillage* des porcs dans Paris.

II. Il est formellement interdit d'ouvrir dans Paris des tueries particulières de porcs et d'en faire usage.

Toutefois, les propriétaires et habitants qui sont autorisés à élever des porcs pour la consommation de leur maison, conserveront la faculté de les abattre chez eux, pourvu que ce soit dans un lieu clos et séparé de la voie publique.

III. Les marchands de porcs et marchands charcutiers en gros et en détail, autorisés par nous, seront seuls admis à abattre et à vendre des porcs abattus dans les abattoirs de Paris. Toute vente de porcs sur pieds y est interdite.

NOTA. — Par ordonnance de M. le préfet de police du 18 février 1859, les *hayons* ont été supprimés, et l'article 4 de la présente ordonnance rapporté.

V. En arrivant aux abattoirs, les conducteurs de porcs porteront les plaques indicatives de leur profession, et déposeront les porcs dans les porcheries spécialement affectées au triage de ces animaux. Après le riage, les porcs seront conduits dans leurs porcheries respectives. Aucun abattage ne pourra être fait avant que le triage ne soit terminé.

VI. Jusqu'à décision contraire, les marchands conservent la faculté d'abattre dans celui des deux abattoirs qui sera le plus à leur convenance.

Il n'est rien changé à la répartition actuelle des porcheries.

Les marchands qui tuent en commun pourront, sur leur demande, être autorisés à occuper une même porcherie. En cas de vacance d'une porcherie, la concession en sera faite, de préférence, au plus ancien marchand abattant dans l'abattoir, qui demanderait cette porcherie en échange de la sienne.

Les clefs des porcheries resteront en dépôt chez les concierges, pendant le temps qu'il n'en sera pas fait usage.

VII. Les marchands continueront de faire, comme ils l'entendront, leurs abats et transports de marchandises dans les abattoirs, par eux-mêmes ou par leurs agents munis de livrets.

VIII. Les marchands sont tenus d'avoir, dans les abattoirs, des garçons pour recevoir les porcs à leur arrivée.

Ils se pourvoiront, en outre, de tous les instruments et ustensiles nécessaire à leur travail, les entretiendront en bon état de service et de propreté, et fourniront la paille pour la litière des porcs, auxquels ils devront donner la nourriture et les soins nécessaires.

Les surveillants feront connaître aux préposés de police ceux des marchands qui négligeraient ces prescriptions.

IX. Il ne sera admis dans les abattoirs que des garçons pourvus de livrets. Les livrets seront déposés entre les mains de l'Inspecteur de police, et y resteront aussi longtemps que les titulaires seront employés dans les abattoirs.

X. Les porcs pourront être abattus, brûlés et *habillés* à toute heure du jour et de la nuit, dans les brûloirs, *pendoirs* et autres lieux affectés ou qui pourraient l'être, par la suite, à ces travaux.

Les porcs ne pourront se *faire* ailleurs sous aucun prétexte.

XI. Les porcs devront être conduits au brûloir, avec toutes les précautions nécessaires pour qu'ils ne puissent s'échapper et vaguer dans l'établissement.

XII. Le sang des porcs sera recueilli dans des poêles,

vases ou baquets, en bon état de propreté et de manière à ce qu'il ne puisse se répandre et couler dans les ruisseaux. Le sang qui ne sera pas emporté immédiatement devra être renfermé dans des futailles parfaitement closes, lesquelles seront ensuite déposées dans les lieux désignés à cet effet. Ces futailles ne pourront séjourner plus de deux jours dans l'abattoir.

XIII. Les portes des brûloirs seront fermées au moment de l'abattage des porcs. Dans tous les cas, les grilles des abattoirs devront être habituellement closes et ne s'ouvrir que pour les besoins du service.

XIV. — L'occupation des pendoirs sera réglée, selon les besoins du service, par les Inspecteurs des abattoirs. Il est défendu aux marchands et aux personnes qu'ils emploient de s'écarter des prescriptions faites à cet égard.

XV. Les surveillants de service visiteront au moins trois fois par nuit les porcheries. Dans le cas où des porcs devraient être abattus, les surveillants seront tenus d'y pourvoir immédiatement.

XVI. Les viandes seront inspectées après l'abattage et l'habillage. Celles qu'on reconnaîtra impropres à la consommation seront saisies et envoyées à la ménagerie du Jardin-des-Plantes, par les soins de l'Inspecteur de police, qui dressera procès-verbal de la saisie. Les porcs morts naturellement seront également saisis, s'il y a lieu. En tous cas, les graisses de l'animal saisi seront laissées au propriétaire.

XVII. Il est défendu de laisser séjourner, dans les pendoirs et ateliers de dégraissage, aucuns suifs, graisses, dégrais, ratis, panses et boyaux. Les résidus provenant du nettoyage des intestins devront être transportés aux coches dans le plus bref délai.

XVIII. Les lavages et grattages des intestins de porcs sont interdits dans les établissements de charcuterie. Le travail de préparation des boyaux de porcs devra se faire exclusivement dans les abattoirs.

XIX. On ne pourra, sous aucun prétexte, fabriquer ni engrais ni compost dans les abattoirs.

XX. Après l'abattage et l'habillage des porcs, les charcutiers devront, chaque jour, faire balayer et laver avec soin les pendoirs et ateliers de travail. Ils pourvoieront aussi au nettoiement des coches, des brûloirs et des porcheries dont ils feront enlever les fumiers et les immondices. Ils seront tenus également de faire laver et gratter, toutes les fois qu'ils en seront requis par les préposés de police, les murs intérieurs et extérieurs, ainsi que les portes de tous les locaux dont ils auront la jouissance.

Les fumiers, vidanges et voieries déposés dans les coches, seront enlevés des abattoirs tous les jours.

XXI. Il est défendu d'embarrasser sans nécessité les cours, rues, passages et autres voies de circulation, par des voitures, futailles, matériaux, ustensiles, etc. Les conducteurs des voitures, dont la présence dans l'abattoir sera justifiée par une nécessité de service, devront les ranger sur l'emplacement désigné à cet effet. Les chevaux ne pourront être attachés qu'aux anneaux à ce destinés. Lesdits conducteurs seront responsables des faits des personnes à leur service, ou qu'ils emploieront comme aides. Il leur est expressément défendu de loger leurs chevaux et de remiser leurs voitures dans les abattoirs.

XXII. Il est également défendu de détruire ou de dégrader aucune partie des abattoirs ou des objets qui en dépendent ; de laisser ouvert aucun robinet sans nécessité; d'écrire, tracer ou crayonner sur les murs ou sur les portes. Les maîtres sont responsables des dégâts commis à cet égard par les garçons à leur service.

XXIII. Les concierges et portiers des abattoirs doivent

exercer constamment et personnellement leur surveillance aux grilles.

XXIV. Ils ne laisseront entrer ni sortir aucune voiture ou paquet sans les visiter. Ils signaleront particulièrement aux inspecteurs les porcs morts naturellement ou saignés, introduits dans les abattoirs.

XXV. Il ne sera admis dans les abattoirs aucune personne étrangère au service ou au commerce, à moins d'une permission spéciale. Ces permissions seront ensuite remises aux inspecteurs de police.

XXVI. Il est défendu d'amener et de conserver des chiens dans les abattoirs, ainsi que d'y élever et entretenir des porcs, pigeons, lapins, volailles, chèvres et moutons, sous quelque prétexte que ce soit.

XXVII. Il est défendu à tous marchands et à toutes personnes logées dans les abattoirs de jeter et déposer en dehors des lieux disposés pour les recevoir aucuns fumiers, immondices et eaux ménagères.

XXVIII. Les marchands ne pourront, sous aucun prétexte, laisser en dépôt, dans l'intérieur des abattoirs, des voitures et charrettes, ainsi que des ustensiles sans utilité actuelle.

XXIX. Les porcs saignés et les viandes ne pourront être transportés que dans des voitures closes et couvertes, de manière à soustraire complétement leur chargement à la vue du public.

XXX. Les conducteurs de voitures ne pourront les conduire qu'au pas, en entrant dans les abattoirs, et, en sortant, ils devront les arrêter au passage des grilles, pour les visites prescrites.

XXXI. Il est défendu de fumer dans les abattoirs, d'entrer la nuit dans les bâtiments, écuries et greniers avec des lumières, si elles ne sont renfermées dans des lanternes closes et à réseaux métalliques ; d'appliquer des chandelles allumées aux murs, aux portes et en quelque lieu que ce soit, intérieurement et extérieurement.

XXXII. Aucune voiture de fourrages, de bois ou autres matières combustibles ne sera reçue dans les abattoirs, si son chargement ne peut être resserré avant la nuit.

XXXIII. Il est défendu de coucher dans les écuries, greniers et autres dépendances des abattoirs.

XXXIV. Les personnes employées aux travaux des abattoirs ne pourront se déshabiller ni changer de vêtements que dans les locaux fermés affectés à ce service.

XXXV. Tous jeux de hasard et autres sont interdits dans les abattoirs, ainsi que tous débits de boissons et comestibles.

XXXVI. Conformément au règlement d'octroi annexé à l'ordonnance royale du 23 décembre 1846, il sera perçu, au profit de la ville de Paris, un droit d'abat de 2 centimes par kilogramme de viande, panne, graisse, gras de porc et ratis, fondus ou non, sortant de chaque abattoir.

XXXVII. Les concierges, portiers et surveillants des abattoirs à porcs sont tenus à l'exécution de toutes les dispositions de la présente ordonnance, qui n'incombent pas personnellement aux marchands et à leurs agents. Ils devront, en général, leur concours aux préposés de police chargés de surveiller cette exécution, et seront également astreints à toutes les consignes qui leur seront données en notre nom et avec notre approbation.

XXXVIII. L'administration de l'Octroi est requise de prêter son concours à l'exécution de la présente ordonnance, en ce qui peut la concerner.

XXXIX. Les contraventions seront constatées par des procès-verbaux ou rapports qui nous seront sur-le-champ adressés, pour y être donné telle suite qu'il appartiendra.

XL. Les ordonnances de police des 27 octobre 1848 et 23 mars 1849 seront abrogées le 1ᵉʳ novembre prochain, époque à partir de laquelle la présente ordonnance sera exécutoire.

XLI. Cette ordonnance sera imprimée, publiée et affichée.

Ampliation en sera adressée à M. le Préfet du département de la Seine.

Extrait du règlement général des services des abattoirs.

Art. 7. — Les fonctions des Écrivains consistent à faire toutes les écritures concernant : 1° les pesées des viandes au moyen de bulletins nominatifs ; 2° les bulletins de transport des viandes à domicile ; 3° les quittances et feuilles d'octroi hebdomadaires ; 4° les bulletins en forme de placards nominatifs, indiquant par numéro et porcherie, le mouvement par chaque jour des entrées et sorties de porcs ; ces derniers bulletins sont retirés des cadres le jeudi matin de chaque semaine et conservés en dépôt.

Les mêmes Écrivains tiendront, jour par jour, un registre dans l'ordre alphabétique de toutes les sorties de viandes pour compte et sous le nom des destinataires, conformément au modèle imprimé à cet effet.

Ce registre devra être communiqué sans déplacement aux employés de l'octroi, et à tout charcutier intéressé et au préposé de police de l'abattoir, en cas d'omission, d'erreur ou de réclamation fondée, mais seulement en la partie les concernant.

Art. 8 — Il sera *fait chaque jour, à quatre heures de relevée*, par les Écrivains, *le comptage des porcs restant en porcherie*. Ce comptage devra être rapproché du nombre des porcs abattus dans la même journée, afin de contrôler l'exactitude du résultat du comptage. Il en sera fait un rapport écrit adressé au bureau, et, en cas d'erreur, il en sera donné *avis* aux employés de l'octroi et *au préposé de police de l'abattoir*.

POLICE GÉNÉRALE, SURETÉ ET SALUBRITÉ ; — RÈGLEMENT RELATIFS A LA VENTE DES MARCHANDISES ET DENRÉES ALIMENTAIRES.

Extrait de l'ordonnance de police concernant les personnes qui élèvent dans Paris des PORCS, PIGEONS, LAPINS, POULES *et autres volailles.*

3 décembre 1829.

Art Ier. « Il est défendu d'élever et nourrir, sous quelque
« prétexte que ce soit, des porcs dans la ville et les fau-
« bourgs de Paris, sans une autorisation délivrée dans les
« formes prescrites par le décret du 15 octobre 1810 et l'or-
« donnance royale du 14 janvier 1815.

« II. Les porcs élevés et nourris en contravention à l'ar-
« ticle précédent, *seront saisis* à la diligence des commissaires
« de police, des inspecteurs généraux et des inspecteurs gé-
« néraux adjoints de la salubrité et des halles et marchés.
« *Les porcs saisis seront conduits,* soit au marché de la
« Vallée, s'ils sont âgés de moins de six semaines, soit au
« marché de la Maison-Blanche, commune de Gentilly, pour
« y être vendus, marché tenant, par les soins de l'inspecteur
« général des halles et marchés. »

Les fonds provenant de la vente, déduction faite des frais, seront déposés à la caisse de la Préfecture de police, pour y rester jusqu'à ce qu'il ait été statué sur la contravention.

Ordonnance de police et instruction spéciale concernant les établissements de charcuterie de la ville de Paris.

19 décembre 1835.

Art. 1er. A compter de la publication de la présente ordonnance, aucun établissement de charcutier ne sera autorisé dans la ville de Paris, qu'après qu'il aura été constaté par les personnes que nous commettrons à cet effet, que les diverses localités, où l'on se propose de le former, réunissent toutes les conditions de sûreté publique et de salubrité prescrites dans l'instruction ci-après annexée.

II. Il est défendu de faire usage, dans les établissements de charcutiers, de saloirs, pressoirs et autres ustensiles qui seraient revêtus de feuilles de plomb ou de tout autre métal. Les saloirs et pressoirs seront construits en pierre, en bois ou en grès.

III. L'usage des vases et ustensiles de cuivre, même étamés, est expressément défendu dans les établissements de charcutiers. Ces vases et ustensiles seront remplacés par des vases en fonte ou en fer battu. (*Voir ci-après, la nouvelle ordonnance concernant cet article*).

IV. Il est défendu aux charcutiers de se servir de vases en poterie vernissée. Ces vases seront remplacés par des vases en grès ou par toute autre poterie dont la couverture ne contient pas de substances métalliques.

NOTA. — Le défaut de désignation positive des poteries dont l'autorité entendait permettre l'usage ayant donné lieu à des interprétations diverses, opposées de la part des agents de l'autorité, M. le préfet a pris une décision, le 9 septembre 1844, qui autorise les charcutiers à se servir de « vases de porcelaine, en porcelaine opaque, en terre cuite du Midi, de Nérac, de Strasbourg, en grès de Voisin-Lieu, de Montereau, et en grès non vernissés. »

Mais cette décision défend l'usage de la « faïence ordinaire, surtout des poteries vernissées fabriquées rue de la Roquette. »

« Par décision du 27 mai 1845, M. le préfet de police, ayant égard aux réclamations qui lui ont été adressées contre l'interdiction de l'usage de la faïence ordinaire (décision du 9 septembre 1844), après avoir pris de nouveau l'avis du conseil de salubrité, a reconnu qu'il n'y avait pas lieu à maintenir l'interdiction prescrite dans sa précédente décision à l'égard des vases de faïence, tels que :

« Terrines dites de Nérac, à perdreaux, faïence blanche,

« Idem à bécasses, faïence blanche.

« Idem à foies gras, faïence paille au dehors et au dedans.

« Idem à alouettes, faïence jaune, etc., de Sarreguemines.

« Idem à pâtés, faïence blanche au dedans, brune au dehors.

« Idem à jambons, en grès de St-Ouen.

« Idem à jambons, en faïence de Nevers.

« Idem à jambons, grès de Montereau.

« Pots à rillettes, faïence blanche au dedans, jaune au dehors.

« Soupières en faïence blanche.

« Pots à confiture en faïence blanche.

« Vases en fonte recouverts de l'étamage Budy, pourvu que cet étamage soit toujours en bon état.

« Par cette décision, M. le préfet, sur un nouvel avis du conseil de salubrité, persiste à défendre à MM. les charcutiers l'usage des terrines communes vertes et jaunes, dites poteries vernissées.

« Enfin, il charge MM. les commissaires de police de faire de fréquentes visites pour assurer l'exécution des décisions des 9 septembre 1844 et 27 mai 1845. »

Nota. — Les mandataires généraux du commerce de la charcuterie préviennent leurs confrères qu'ils doivent s'abstenir d'employer dans la préparation des articles dits comestibles, des chapelures teintes en vert, et de couvrir les pots à rillettes avec des papiers de couleur préparés avec des substances vénéneuses. Des échantillons de ces papiers, ainsi que de ceux reconnus à employer, sont déposés à leur bureau, où chaque intéressé pourra s'en procurer.

V. Il est défendu aux charcutiers d'employer dans leurs salaisons et préparations de viandes, des sels de morue, de *varech* et de salpêtriers. (*Voir ci-après, la nouvelle ordonnance qui renouvelle cette défense.*)

VI. Les charcutiers ne pourront laisser séjourner les eaux de lavage dans les cuvettes destinées à les recevoir.

Ces cuvettes devront être vidées et lavées tous les jours.

VII. Il est défendu aux charcutiers de verser, avec les eaux de lavage, qu'ils devront diriger sur l'égout le plus voisin, des débris de viande ou de toute autre nature. Ces débris seront réunis et jetés chaque jour dans les tombereaux du nettoiement au moment de leur passage.

Nota. — Une ordonnance de police en date du 1er octobre 1844, dont l'extrait est imprimé, a prescrit de nouvelles dispositions de salubrité.

VIII. Les dispositions de l'article 1er ne seront applicables aux établissements dûment autorisés qui existent actuellement, que lorsqu'ils seront transférés dans d'autres lieux, ou lorsqu'ils changeront de titulaires.

Les dispositions des art. 2, 3 et 4, ne seront obligatoires pour ces mêmes établissements que six mois après la publication de la présente ordonnance.

Nota. — L'autorité a fait droit aux réclamations qui lui ont été adressées par les charcutiers titulaires qui vendent leurs fonds, leurs établissements ayant été autorisés et l'ordonnance ne pouvant avoir un effet rétroactif.

IX. Les contraventions aux dispositions de la présente ordonnance seront constatées par des procès-verbaux ou rapports qui nous seront adressés pour être transmis au Conseil compétent.

X. La présente ordonnance sera imprimée et affichée.

INSTRUCTION.

Des boutiques. — Les boutiques affectées à la vente des marchandises fraîches ou préparées, devront être appropriées convenablement à cette destination.

L'intervalle entre le sol et le plancher sera au moins de trois mètres.

Le sol sera entièrement revêtu de dalles ou de carreaux; le plancher sera plafonné.

Pour renouveler l'air dans la boutique pendant la nuit, il sera pratiqué immédiatement sous le plafond, du côté de la rue, une ouverture de deux décimètres en carré (environ six pouces en carré), une autre ouverture de même dimension sera pratiquée au bas de la porte d'entrée ou du mur de face; ces deux ouvertures seront grillées.

Des Cuisines et Laboratoires. — Les cuisines et laboratoires devront être de dimension telle, que les diverses préparations de charcuterie y puissent être faites avec propreté et salubrité.

Les cuisines et les laboratoires auront au moins trois mètres d'élévation; ils seront plafonnés. Le sol et les parois, jusqu'à la hauteur d'un mètre cinquante centimètres, seront convenablement revêtus de matériaux imperméables, pour faciliter les lavages et prévenir toute adhérence ou infiltration de matières animales (1).

Les pentes du sol seront réglées de manière que les eaux de lavage puissent s'écouler rapidement jusqu'à l'égout le plus voisin.

Un courant d'air sera établi dans les cuisines et les laboratoires; les uns et les autres devront être suffisamment éclairés par la lumière du jour.

Des Fourneaux et Chaudières. — Les fourneaux et chaudières devront toujours être disposés de telle sorte qu'aucune émanation ne puisse se répandre dans l'établissement ou au dehors.

Les chaudières destinées à la cuisson des grosses pièces

---

(1) Le sol devra être exclusivement dallé avec pente en rigole, et les murs de la cuisine garnis de dalles en pierre ou de carreaux de faïence.

de charcuterie et à la fonte des graisses, devront être engagées dans des fourneaux en maçonnerie.

Réservoirs, à défaut de puits ou de concession d'eau. — A défaut de puits ou de concession d'eau pour le service de l'établissement, il y sera suppléé par un réservoir de la contenance d'un demi-mètre cube, qui devra être rempli tous les jours.

Il ne pourra être établi de soupentes dans les boutiques, les cuisines et les laboratoires qui, sous aucun prétexte, ne pourront servir de chambre à coucher.

Des caves at autres lieux destinés aux salaisons. — Les caves destinées aux salaisons devront être d'une dimension proportionnée aux besoins de l'établissement ; elles devront être saines et bien aérées, ne point renfermer de pierres d'extraction pour la vidange des fosses d'aisances, ni être traversées par des tuyaux aboutissant à ces mêmes fosses (1).

Les caves devront avoir au moins deux mètres soixante-sept centimètres d'élévation sous clé ; il y sera pratiqué, s'il n'en existe pas, des ouvertures de capacité suffisante pour y entretenir une ventilation continuelle.

Le sol des caves sera convenablement revêtu pour faciliter les lavages et prévenir toute adhérence ou infiltration de matières animales (2).

Les pentes du sol des caves seront disposées de manière à faciliter l'écoulement des eaux de lavage dans les cuvettes destinées à les recevoir.

Si, à défaut de caves, le local destiné aux salaisons est situé aux rez-de-chaussée, le sol sera disposé de manière à ce

---

(1) Ceci s'applique également aux cuisines et laboratoires. Dans aucun cas, la vidange ne peut être opérée à travers une partie quelconque de l'établissement.

(2) Une décision de 1851 exige que le sol soit à cet effet dallé ou bitumé.

que les eaux de lavage puissent être dirigées sur l'égout le plus voisin.

Nota. — En cas d'ouverture d'établissement de charcuterie, de transfert ou de vente, la permission préalable de M. le préfet de la Seine est exigée sous peine de condamnation à l'amende, conformément à l'art. 471, § 15 du Code pénal ; de plus forte peine en cas de récidive.

Lettre de M. le Sénateur, préfet de la Seine, du 13 août 1864, à MM. les mandataires du commerce de la charcuterie de Paris, concernant l'application sévère du règlement ci-dessus, à chaque mutation ou création d'établissements de charcuterie :

DIRECTION DE LA VOIRIE DE PARIS.
1re section. — 2e bureau.

Rappel des dispositions de l'ordonnance de police du 19 décembre 1835, relative aux établissements de charcuterie de Paris.

« Messieurs,

« L'art. 1er de l'ordonnance de police du 19 décembre 1835, dispose qu'à l'avenir l'ouverture d'une charcuterie ne sera autorisée que lorsqu'il aura été constaté que les locaux remplissent toutes les conditions prescrites dans l'instruction y annexée.

« Aux termes de l'art. 8, ces prescriptions sont applicables aux établissements déjà existants et régulièrement autorisés, quand ils seront transférés dans d'autres lieux ou quand ils changeront de titulaires.

« L'intérêt public fait à l'Administration un devoir d'user du droit qui lui est conféré par ce dernier article, afin de ramener aux conditions réglementaires les charcuteries, encore nombreuses, dont l'installation est mauvaise.

« Je viens, Messieurs, de faire afficher les dispositions que j'ai citées plus haut et l'instruction jointe à l'ordonnance du 19 décembre 1835. Je vous prie d'appeler sur elles toute l'attention de vos confrères ; informez-les que je continuerai à m'opposer à l'exploitation par de nouveaux titulaires, des établissements qui ne satisfont pas aux prescriptions des règlements, et signalez-leur les dangers auxquels ils s'exposent en traitant, comme ils le font d'habitude, de l'acquisition de ces établissements avant d'avoir demandé à l'administration et obtenu les autorisations qui leur sont nécessaires.

« Recevez, etc., etc. »

USTENSILES ET VASES DE CUIVRE. — SELS DE SALPÊTRE ET DE VARECH. — PAPIERS PEINTS.

(Extrait de l'ordonnance de police du 28 février 1853.)

Sels de cuisine et autres substances alimentaires.

VIII. Il est expressément défendu à tous fabricants, raffineurs, marchands en gros, épiciers et autres, faisant le commerce de sel marin (sel de cuisine) dans le ressort de la Préfecture de police, de vendre et débiter comme sel de table et de cuisine, du sel retiré de la fabrication du salpêtre ou extrait des varechs, ou des sels provenant de diverses opérations chimiques.

Il est également défendu de vendre du sel altéré par le mélange des sels précédents ou par le mélange de toutes autres substances étrangères.

X. Les commissaires de police de Paris et les maires ou commissaires de police, dans les communes rurales, feront à des époques indéterminées, avec l'assistance des hommes de l'art, des visites dans les ateliers, magasins et boutiques des fabricants, marchands et débitants de sel et de comestibles quelconques, à l'effet de vérifier si les denrées dont ils sont détenteurs, sont de bonne qualité et exemptes de tout mélange.

XI. Le sel et toutes substances alimentaires ou denrées falsifiées seront saisis, sans préjudice des poursuites à exercer, s'il y a lieu, contre les contrevenants, conformément aux dispositions de la loi précitée du 27 mai 1851.

XII. Il est défendu d'envelopper aucune substance alimentaire quelconque avec les *papiers peints*, et notamment avec ceux qui sont défendus par l'article 2 de la présente ordonnance.

Ustensiles et vases de cuivre et autres métaux.

XIV. L'emploi du plomb, du zinc et du fer galvanisé, est interdit dans la fabrication des vases destinés à préparer ou contenir les *substances alimentaires* et les boissons.

XX. Il est défendu aux vinaigriers, épiciers, marchands de vins, traiteurs et autres, de préparer, de déposer, de transporter, de mesurer et de conserver dans des vases de cuivre et de ses alliages, non étamés, de plomb, de zinc, de fer galvanisé, ou dans des vases faits avec un alliage dans lequel entrerait l'un des métaux désignés ci-dessus, aucuns liquides ou substances alimentaires susceptibles d'être altérés par l'action de ces métaux.

XXVI. Il n'est rien changé aux dispositions de l'ordonnance de police du 19 décembre 1835, spécialement applicables aux charcutiers, et qui continuera de recevoir sa pleine et entière exécution.

Dispositions générales.

XXVII. Les fabricants et les marchands, désignés en la présente ordonnance, sont personnellement responsables des accidents qui pourraient être la suite de leurs contraventions aux dispositions qu'elle renferme.

EXTRAIT DE L'INSTRUCTION DU CONSEIL D'HYGIÈNE PUBLIQUE ET DE SALUBRITÉ DU DÉPARTEMENT DE LA SEINE, CONCERNANT LES PROCÉDÉS A SUIVRE POUR RECONNAITRE LA NATURE CHIMIQUE DES PRINCIPALES MATIÈRES DONT L'USAGE EST INTERDIT AUX CONFISEURS ET LIQUORISTES.

§ III. — *Sel marin, sel de cuisine.*

Le sel marin livré au commerce est souvent falsifié : 1° avec de la *poudre de plâtre cru ;* 2° à l'aide du *sablon ;* 3° avec des *sels de varech ;* 4° avec des *sels de salpêtre.*

On peut s'assurer que le sel est falsifié à l'aide du plâtre cru, en traitant le sel par quatre parties d'eau qui dissolvent le sel et qui laissent pour résidu le plâtre cru ; on le lave, on le fait sécher et on le pèse ; 100 grammes de sel non falsifié laissent un résidu qui pèse à peine 1 gramme ; les sels mêlés de plâtre laissent des résidus qui pèsent ordinairement de 6 à 11 grammes. Dans ce dernier cas, les résidus chauffés et mêlés à une petite quantité d'eau, donnent du plâtre gâché..

Le sel mêlé de plâtre cru peut encore être séparé des matières insolubles, en agissant de la manière suivante :

On prend 200 grammes de sel, on les introduit dans un petit tamis de crin à mailles serrées ; on mouille ce sel, on y fait tomber de l'eau jusqu'à ce que cette eau, qui traverse le sel posé sur le tamis, en sorte claire ; on laisse alors déposer l'eau, on décante la partie qui s'est éclaircie, on recueille le résidu, on le lave, puis on le fait sécher et on le pèse.

On peut séparer de la même manière le sablon qui a été mêlé au sel.

Si l'on veut reconnaître si des sels ont été mêlés de varech, on prépare une solution d'amidon, en prenant 1 gr. d'amidon et 50 grammes d'eau ; on fait bouillir, lorsque la solution est préparée, on la laisse refroidir, puis on l'additionne de 20 gouttes de chlore liquide ; on agite alors pour que le mélange soit bien exact.

Si l'on verse de cette solution amidonnée-chlorée sur un sel qui contient des sels de varech iodurés, on obtient une coloration qui varie du violet au bleu, selon que la quantité de sel de varech ajoutée au sel est plus ou moins considérable.

Les sels qui sont mêlés de sels de salpêtre présentent ce caractère que le grain d'une partie de ce sel est plus fin.

Ce sel, traité par l'eau amidonnée-chlorée, se colore ; si l'on en prend une portion, qu'on la mêle dans un verre à expérience avec de la limaille de cuivre, et qu'on traite par l'acide sulfurique, on obtient assez souvent des vapeurs nitreuses rutilantes ; ces vapeurs, reçues sur un papier qui a été enduit de teinture de gayac, prennent une teinte bleue.

§ IV. — *Étamage, étain, fer galvanisé, zinc, etc.*

Ce n'est pas seulement en laissant séjourner des aliments dans les vases de cuivre mal étamés que le cuivre peut se mêler à ces aliments et causer des empoisonnements ; ce mélange peut se produire même pendant la cuisson de certains aliments, et la précaution de les retirer de ces vases immédiatement après leur coction ne produirait qu'une fausse sécurité.

Dans tous les cas, *il n'est jamais prudent de laisser séjourner des aliments dans les vases de cuivre, même les mieux étamés;* car il est certains condiments qui peuvent attaquer l'étamage et le cuivre qui est au-dessous ; des accidents ont été déterminés par cette négligence.

Il est surtout fort dangereux de faire bouillir du vinaigre dans des bassines de cuivre, ou de laisser dans ces bassines du vinaigre bouillant, dans le but de donner aux légumes ou fruits que contient cette bassine une belle couleur verte; il est plus dangereux encore, ainsi que cela se pratique souvent, de faire rougir d'abord la bassine, d'y introduire le vinaigre, et de l'y faire bouillir.

Dans l'un et l'autre cas, il se forme des sels solubles de cuivre qui s'introduisent dans les produits et qui peuvent déterminer des accidents.

Les observations qui précèdent s'appliquent également aux vases de maillechort et d'argent au second titre. Les substances acides et le sel de cuisine qui sont mêlés aux aliments peuvent les altérer par la formation des composés de cuivre qui, tous, sont de véritables toxiques.

Le plaqué d'argent lui-même ne doit inspirer de sécurité qu'autant que la couche d'argent est d'une épaisseur convenable et qu'aucun point rouge n'apparaît dans l'intérieur des vases.

Le zinc et le fer galvanisé ne peuvent être employés pour les usages alimentaires, parce que le zinc forme, avec les acides, des sels émétiques dont l'usage est dangereux.

Circulaire de M. le Préfet de police, adressée aux commissaires de police de Paris et de la banlieue, relative aux papiers peints dont l'usage est interdit.

28 novembre 1855.

Messieurs,

L'application de ma circulaire du 3 octobre dernier, relative à l'emploi par les charcutiers de papiers de couleur pour la couverture des pots à rillettes et pour les manches de jambons, a suscité des réclamations de la part des marchands de papiers de couleur.

L'affaire a été examinée, de nouveau, par le Conseil d'hygiène publique et de salubrité, et il résulte de cet examen qu'il n'y a pas lieu de proscrire l'usage de certains papiers, dans la fabrication desquels il n'entre aucune matière métallique, minérale et toxique. Je citerai, par exemple, le papier bleuâtre, dont les rognures servent à parer les étalages des charcutiers. Ce papier est teint dans la pâte, avec une substance qui ne contient aucune partie de cendres bleues (*oxyde ou carbonate hydraté de cuivre*).

Au surplus, pour vous faciliter l'exécution de la mesure en question, je vous adresse, Messieurs, une *carte-specimen* contenant des échantillons des papiers coloriés dangereux, dont le contact avec les substances alimentaires, surtout lorsqu'elles sont humides, molles ou grasses, présenterait les plus graves inconvénients.

Comme vous le remarquerez, Messieurs, les papiers dangereux sont généralement coloriés en vert clair, en orange, en jaune, lissés blancs ou dorés-faux. Ils sont très-souvent lissés et coloriés des deux côtés. Les verts sont coloriés avec l'arsenite de cuivre; les oranges, les jaunes, les lissés-blancs, avec des oxydes ou des sels de plomb. Les papiers dorés-faux sont faits avec du chrysocalque, qui est un alliage de cuivre et de zinc.

L'emploi de ces divers papiers et tous les autres semblables (car les nuances sont très-variables) devra être formellement interdit pour faire des sacs, des enveloppes, des manchettes, des boîtes ou des étiquettes, non-seulement aux charcutiers, mais encore à tous les marchands ou débitants de denrées alimentaires quelconques, comme les bouchers, les confiseurs, les chocolatiers, les marchands de comestibles, de beurre et de fromages, les pâtissiers, les épiciers, les fruitiers, etc.

Les échantillons de la *carte-specimen* ci-jointe ne doivent être considérés que comme des modèles ; car, je le répète, les nuances des couleurs sont très-variées. En cas de doute, vous devrez regarder comme dangereux tout papier brunissant, lorsqu'on le touche avec de l'hydrosulfate de potasse, ou avec de l'eau de Barèges non altérée. (L'eau de Barèges non altérée dégage l'odeur d'œufs pourris.)

Ne perdez pas de vue, Messieurs, que l'emploi des papiers dangereux constitue une contravention à l'ordonnance de police du 28 février 1853, concernant les substances alimentaires et les vases de cuivre (art. 12, § 2, de l'instruction annexée à ladite ordonnance). Je vous recommande donc, le cas échéant, de dresser des procès-verbaux et de me les transmettre.

INCENDIES.

(Extrait de l'ordonnance de police.)

11 novembre 1852.

Art. Ier. Toutes les cheminées, tous les poëles et autres appareils de chauffage doivent être établis et disposés de manière à éviter les dangers du feu et à pouvoir être facilement nettoyés ou ramonés.

II. Il est interdit d'adosser des foyers de cheminées, des poëles et des fourneaux, à des cloisons dans lesquelles il entrerait du bois, à moins de laisser entre le parement extérieur du mur entourant ces foyers et les cloisons un espace de seize centimètres.

V. Les languettes des tuyaux en plâtre doivent être pigeonnées à la main et avoir au moins huit centimètres de hauteur.

VI. Chaque foyer de cheminée ou de poêle doit (à moins d'autorisation spéciale) avoir son tuyau particulier dans toute la hauteur du bâtiment.

VII. L'accès des tuyaux de cheminée, à leur partie supérieure, devra être facile.

VIII. Les mîtres en plâtre sont interdites au-dessus des tuyaux de cheminées.

IX. Les fourneaux potagers doivent être disposés de telle sorte que les cendres qui en proviennent soit retenues par des cendriers fixes construits en matériaux incombustibles et ne puissent tomber sur les planchers.

X. Les poêles de construction reposeront sur une aire en matériaux incombustibles d'au moins huit centimètres s'étendant de trente centimètres en avant de l'ouverture du foyer. Cette aire sera séparée du cendrier intérieur par un vide d'au moins huit centimètres permettant la circulation de l'air.

Les poêles mobiles devront reposer sur une plate-forme en matériaux incombustibles d'au moins vingt centimètres de saillie en avant de l'ouverture du foyer.

XI. Les tuyaux de poêle et tous les autres tuyaux conducteurs de fumée, en métal, devront toujours être isolés, dans toute leur hauteur, d'au moins seize centimètres, des cloisons dans lesquelles il entrerait du bois.

Lorsqu'un tuyau traversera une de ces cloisons, le diamètre de l'ouverture faite dans la cloison devra excéder de seize centimètres celui du tuyau.

Ce tuyau sera maintenu au passage par une tôle dans laquelle il sera percé une ouverture égale au diamètre extérieur dudit tuyau.

XII. Aucun tuyau conducteur de fumée, en métal, ne pourra traverser un plancher ou un pan de bois, à moins d'être entouré au passage par un manchon en métal ou en terre cuite. Le diamètre de ce manchon excédera de dix centimètres celui du tuyau, de manière qu'il y ait partout, entre le manchon et le tuyau, une intervalle de cinq centimètres.

XIII. Les dispositions des articles ci-dessus sont applicables aux tuyaux de chaleur des colorifères.

XIV. Il sera donné avis des vices de construction de cheminées, poêles, fourneaux et calorifères qui pourraient occasionner un incendie.

Entretien et ramonnage des cheminées.

XV. Les propriétaires sont tenus d'entretenir constamment les cheminées en bon état.

XVI. Il est enjoint aux propriétaires et locataires, de faire ramoner les cheminées et tous tuyaux conducteurs de fumée, assez fréquemment pour prévenir les dangers du feu. Il est défendu de faire usage du feu pour nettoyer les cheminées et les tuyaux de poêles. Les cheminées qui ne présenteraient pas à l'intérieur et dans toute la longueur du tuyau un passage d'au moins soixante centimètres sur vingt-cinq, seront construites en briques, en terre cuite ou en fonte ; ces cheminées ne devront être ramonées qu'à l'aide d'écouvillons mûs par une corde.

Des fours, ateliers, etc.

XIX. Il est défendu de déposer du bois ni aucune matière combustible dans aucune partie du local.

Les soupentes, resserres, planches, supports et toutes constructions établies, seront en matériaux incombustibles.

Les étouffoirs et coffres à braise doivent être également en matériaux incombustibles.

XXV. Il est défendu de rechercher les fuites du gaz avec du feu ou de la lumière.

Des Halles, Marchés, Abattoirs, Voies publiques.

XXVII. Il est défendu d'allumer des feux dans les halles et marchés et d'y apporter aucuns chaudrons à feu, réchauds ou fourneaux. Il n'y sera admis que des pots à feu d'une petite dimension et couverts d'un grillage métallique. Il est défendu de laisser ces pots dans les halles et marchés après leur cloture, quand même le feu serait éteint.

Il est également défendu de se servir dans les halles et marchés de lumières, à moins qu'elles ne soient renfermées dans des lanternes closes et à réseau métallique.

XXXIX. Il est expressément défendu de brûler de la paille sur aucune partie de la voie publique, dans les cours, jardins et terrains particuliers et d'y mettre en feu aucun amas de matières combustibles.

XXX. Il est interdit de fumer dans les salles de spectacle, sous les abris des halles, dans les marchés et abattoirs, et en général dans l'intérieur de tous les monuments et édifices publics placés sous notre surveillance.

Il est également défendu de fumer dans les écuries; dans les magasins et autres endroits renfermant des essences, des spiritueux, ainsi que des matières combustibles, inflammables ou fulminantes.

Extinction des Incendies.

XXXI. Aussitôt qu'un feu de cheminée ou un incendie se manifestera, il en sera donné avis au plus prochain poste de sapeurs-pompiers et au commissaire de police de la section.

XXXII. Il est enjoint à toute personne chez qui le feu se manifesterait, d'ouvrir les portes de son domicile à la première réquisition des sapeurs-pompiers et autres agents de l'autorité.

XXXIII. Les propriétaires et locataires des lieux voisins du point incendié seront obligés de livrer, au besoin, passage aux sapeurs-pompiers et autres agents de l'autorité appelés à porter des secours.

XXXIV. Les habitants de la rue où l'incendie se manifestera et ceux des rues adjacentes, tiendront les portes de leurs maisons ouvertes et laisseront puiser de l'eau à leurs puits et pompes pour le service de l'incendie.

XXXV. En cas de refus de la part des propriétaires et des locataires de déférer aux prescriptions des trois articles précédents, les portes seront ouvertes à la diligence du commissaire de police, et, à son défaut, de tout commandant de détachement de sapeurs-pompiers.

XXXVI. Les particuliers devront remettre les seaux, pompes et échelles qui sont en leur possession.

Extrait de l'ordonnance de police du 1er octobre 1844.

Transport des Matières insalubres.

Art. XXI. *Les eaux provenant* de la cuisson des os pour retirer la graisse, les eaux grasses destinées aux nourrisseurs de porcs, les eaux de CHARCUTERIE et de triperie, les raclures de peaux infectes, et en général toutes les matières qui pourraient compromettre la salubrité, ne pourront, à l'avenir, être transportées dans Paris, que dans des tonneaux hermétiquement *fermés* et *luttés*.

Toutefois, tous ces résidus, qui ne seraient pas passés à l'état putride, pourront être transportés, seulement pendant la nuit, jusqu'à huit heures du matin, dans des voitures parfaitement étanches et couvertes, lorsqu'il sera reconnu qu'il y a impossibilité de les transporter dans des tonneaux.

Il est expressément défendu de jeter ces eaux et ces résidus dans les égouts ou dans les ruisseaux.

Violation des règlements relatifs au commerce des marchandises.

Art. 423. Quiconque aura, par usage de faux poids ou de fausses mesures, trompé sur la quantité des choses vendues, sera puni de l'emprisonnement pendant trois mois, un an au plus, et d'une amende qui ne pourra excéder le quart des restitutions et dommages-intérêts, ni être au-dessous de cinquante francs ; les objets du débit ou leur valeur, s'ils appartiennent encore aux vendeurs, seront confisqués : les faux poids et les fausses mesures seront confisqués et brisés.

Art. 424. La fraude dans les livraisons en se servant d'anciens poids et d'anciennes mesures ou qui ne soient pas reconnus par les lois et règlements, entraîne les mêmes peines.

Loi tendant a la répression plus efficace de certaines fraudes dans la vente des marchandises alimentaires des 10-19-25 mars 1851 (1).

Art. 1er. Seront punis des peines portées par l'article 423 du Code pénal :

1° Ceux qui falsifieront des substances ou denrées alimentaires ou médicamenteuses destinées à être vendues.

2° Ceux qui vendront ou mettront en vente des substances

---

(1) En cas de procès-verbaux dressés à leur domicile, par application de la loi ci-dessus, MM. les charcutiers peuvent demander l'expertise immédiate des marchandises saisies.

ou denrées alimentaires ou médicamenteuses qu'ils sauront être falsifiées ou corrompues;

3° Ceux qui auront trompé ou tenté de tromper, sur la quantité des choses livrées, les personnes auxquelles ils vendent ou achètent, soit par l'usage de faux poids ou de fausses mesures, ou d'instruments inexacts servant au pesage ou mesurage, soit par des manœuvres ou procédés tendant à fausser l'opération du pesage ou mesurage, ou à augmenter frauduleusement le poids ou le volume de la marchandise, même avant cette opération ; soit, enfin, par des indications frauduleuses tendant à faire croire à un pesage ou mesurage antérieur et exact.

Art. 2. Si, dans les cas prévus par l'article 423 du Code pénal ou par l'article 1er de la présente loi, il s'agit d'une marchandise contenant des mixtions nuisibles à la santé, l'amende sera de cinquante à cinq cents francs, à moins que le quart des restitutions et dommages-intérêts n'excède cette dernière somme ; l'emprisonnement sera de deux mois à deux ans.

Le présent article sera applicable même au cas où la falsification nuisible serait connue de l'acheteur ou consommateur.

Art. 3. Sont punis d'une amende de seize francs à vingt-cinq francs, et d'un emprisonnement de six à dix jours, ou de l'une de ces deux peines seulement, suivant les circonstances, ceux qui, sans motifs légitimes, auront dans leurs magasins, boutiques, ateliers ou maisons de commerce, ou dans les halles, foires ou marchés, soit des poids ou mesures faux, ou d'autres appareils inexacts servant au pesage ou au mesurage, *soit des substances alimentaires ou médicamenteuses qu'ils sauront être falsifiées ou corrompues* (1).

Si la substance falsifiée est nuisible à la santé, l'amende

---

(1) Il importe aux charcutiers de faire relater aux procès-verbaux, au moment de la constatation, dans quelle partie de leur établissement auront

pourra être portée à cinquante francs, et l'emprisonnement à quinze jours.

Art. 4. Lorsque le prévenu, convaincu de contravention à la présente loi ou à l'art. 423 du Code pénal, aura, dans les cinq années qui ont précédé le délit, été condamné pour infraction à la présente loi ou à l'art. 423, la peine pourra être élevée jusqu'au double du maximum ; l'amende prononcée par l'art. 423 et par les art. 1 et 2 de la présente loi, pourra même être portée jusqu'à mille francs, si la moitié des restitutions et dommages-intérêts n'excède pas cette somme, le tout sans préjudice de l'application, s'il y a lieu, des art. 57 et 58 du Code pénal.

Art. 5. Les objets dont la vente, usage ou possession constitue le délit, seront confisqués, conformément à l'art. 423 et aux art. 477 et 481 du Code pénal.

S'ils sont propres à un usage alimentaire ou médical, le tribunal pourra les mettre à la disposition de l'administration pour être attribués aux établissements de bienfaisance.

S'ils sont impropres à cet usage ou nuisibles, les objets seront détruits ou répandus, aux frais du condamné. Le tribunal pourra ordonner que la destruction ou effusion aura lieu devant l'établissement ou le domicile du condamné.

Art. 6. Le tribunal pourra ordonner l'affiche du jugement dans les lieux qu'il désignera, et son insertion intégrale ou par extrait dans tous les journaux qu'il désignera, le tout aux frais du condamné.

Art. 7. L'art. 463 du Code pénal sera applicable aux délits prévus par la présente loi.

Art. 8. Les deux tiers du produit des amendes sont attribués aux communes dans lesquelles les délits auront été constatés.

été saisies les viandes corrompues, piquées ou gâtées, et spécialement d'y faire mentionner si c'est dans les baignoires que ces viandes auront été saisies.

Art. 9. Sont abrogés les art. 475, n° 14, et 479, n° 5, du Code pénal.

POLICE DES GARCONS ET OUVRIERS.

Loi des 22 janvier, 3 et 22 février 1831 relative aux contrats d'apprentissage.

DU CONTRAT D'APPRENTISSAGE

De la nature et de la forme du contrat.

Art. 1er. Le contrat d'apprentissage est celui par lequel un fabricant, un chef d'atelier ou un ouvrier s'oblige à enseigner la pratique de sa profession à une autre personne qui s'oblige, en retour, à travailler pour lui, le tout à des conditions et pendant un temps convenus.

2. Le contrat d'apprentissage est fait par acte public ou par acte sous seing privé.

Il peut aussi être fait verbalement, mais la preuve testimoniale n'en est reçue que conformément au titre du Code civil *Des contrats ou des obligations conventionnelles en général.*

Les notaires, les secrétaires des conseils de prud'hommes et les greffiers de justice de paix peuvent recevoir l'acte d'apprentissage.

Cet acte est soumis pour l'enregistrement au droit fixe d'un franc, lors même qu'il contiendrait des obligations de sommes ou valeurs mobilières ou des quittances.

Les honoraires dus aux officiers publics sont fixés à deux francs.

3. Le contrat d'apprentissage contiendra :

1° Les nom, prénoms, âge, profession et domicile du maître;

2° Les nom, prénoms, âge et domicile de l'apprenti ;

3° Les nom, prénoms, professions et domicile de ses père et mère, de son tuteur ou de la personne autorisée par les parents, et, à leur défaut, par le juge de paix ;

4° La date et la durée du contrat;

5° Les conditions de logement, de nourriture, de prix, et toutes autres arrêtées entre les parties.

Il devra être signé par le maître et par les représentants de l'apprenti.

Des conditions du contrat.

Art. 4. Nul ne peut recevoir des apprentis mineurs, s'il n'est âgé de vingt-et-un ans au moins.

5. Aucun maître, s'il est célibataire ou en état de veuvage ne peut loger, comme apprenties, des jeunes filles mineures.

6. Sont incapables de recevoir les apprentis :

Les individus qui ont subi une condamnation pour crime ;

Ceux qui ont été condamnés pour attentat aux mœurs ;

Ceux qui ont été condamnés à plus de trois mois d'emprisonnement pour les délits prévus par les art. 388, 401, 405, 406, 407, 408, 423 du Code pénal.

7. L'incapacité résultant de l'art. 6 pourra être levée par le préfet, sur l'avis du maire, quand le condamné, après l'expiration de sa peine, aura résidé pendant trois ans dans la même commune.

A Paris, les incapacités seront levées par le préfet de police.

Devoirs des maîtres et des apprentis.

Art. 8. Le maître doit se conduire envers l'apprenti en bon père de famille, surveiller sa conduite et ses mœurs, soit dans la maison, soit au dehors, et avertir ses parents ou leurs représentants des fautes graves qu'il pourrait commettre ou des penchants vicieux qu'il pourrait manifester.

Il doit aussi les prévenir, sans retard, en cas de maladie, d'absence ou de tout fait de nature à motiver leur intervention.

Il n'emploiera l'apprenti, sauf conventions contraires, qu'aux travaux et services qui se rattachent à l'exercice de sa profession. Il ne l'emploiera jamais à ceux qui seraient insalubres ou au-dessus de ses forces.

9. La durée du travail effectif des apprentis âgés de moins de quatorze ans ne pourra dépasser dix heures par jour.

Pour les apprentis âgés de quatorze à seize ans, elle ne pourra dépasser douze heures.

Aucun travail de nuit ne peut être imposé aux apprentis âgés de moins de seize ans.

Est considéré comme travail de nuit tout travail fait entre neuf heures du soir et cinq heures du matin.

Les dimanches et jours de fêtes reconnues et légales, les apprentis, dans aucun cas, ne peuvent être tenus, vis-à-vis de leur maître, à aucun travail de leur profession.

Dans le cas où l'apprenti serait obligé, par suite des conventions ou conformément à l'usage, de ranger l'atelier aux jours ci-dessus marqués, ce travail ne pourra se prolonger au-delà de dix heures du matin.

Il ne pourra être dérogé aux dispositions contenues dans les trois premiers paragraphes du précédent article, que par un arrêté rendu par le préfet, sur l'avis du maire.

10. Si l'apprenti âgé de moins de seize ans ne sait pas lire, écrire et compter, ou s'il n'a pas encore terminé sa première éducation religieuse, le maître est tenu de lui laisser prendre, sur la journée du travail, le temps et la liberté nécessaires pour son instruction.

Néanmoins, ce temps ne pourra pas excéder deux heures par jour.

11. L'apprenti doit à son maître fidélité, obéissance et respect : il doit l'aider par son travail, dans la mesure de son aptitude et de ses forces.

Il est tenu de remplacer, à la fin de l'apprentissage, le temps qu'il n'a pu employer par suite de maladie ou d'absence ayant duré plus de quinze jours.

12. Le maître doit enseigner à l'apprenti, progressivement et complétement, l'art, le métier, ou la profession spéciale qui fait l'objet du contrat.

Il lui délivrera, à la fin de l'apprentissage, un congé d'acquit, ou certificat constatant l'exécution du contrat.

13. Tout fabricant, chef d'atelier ou ouvrier, convaincu d'avoir détourné un apprenti de chez son maître, pour l'employer en qualité d'apprenti ou d'ouvrier, pourra être passible de tout ou partie de l'indemnité à prononcer au profit du maître abandonné.

De la résolution du contrat.

ART. 14. Les deux premiers mois de l'apprentissage sont considérés comme un temps d'essai pendant lequel le contrat peut être annulé par la seule volonté de l'une des parties. Dans ce cas, aucune indemnité ne sera allouée à l'une ou à l'autre partie, à moins de conventions expresses.

15. Le contrat d'apprentissage sera résolu de plein droit,

1° Par la mort du maître ou de l'apprenti ;

2° Si l'apprenti ou le maître est appelé au service militaire ;

3° Si le maître ou l'apprenti vient à être frappé d'une des condamnations prévues en l'art. 6 de la présente loi ;

4° Pour les filles mineures, dans le cas de décès de l'épouse du maître, ou de toute autre femme de la famille qui dirigeait la maison à l'époque du contrat.

16. Le contrat peut être résolu sur la demande des parties ou de l'une d'elles ;

1° Dans le cas où l'une des parties manquerait aux stipulations du contrat ;

2° Pour cause d'infraction grave ou habituelle aux prescriptions de la présente loi ;

3° Dans le cas d'inconduite habituelle de la part de l'apprenti ;

4° Si le maître transporte sa résidence dans une autre commune que celle qu'il habitait lors de la convention.

Néanmoins, la demande en résolution de contrat fondée sur ce motif, ne sera recevable que pendant trois mois, à compter du jour où le maître aura changé de résidence ;

5° Si le maître ou l'apprenti encourait une condamnation emportant un emprisonnement de plus d'un mois ;

6° Dans le cas où l'apprenti viendrait à contracter mariage.

17. Si le temps convenu pour la durée de l'apprentissage dépasse le maximum de la durée consacrée par les usages locaux, ce temps peut être réduit ou le contrat résolu.

De la compétence.

Art. 18. Toute demande à fin d'exécution ou de résolution de contrat, sera jugée par le conseil des prud'hommes dont le maître est justiciable, et, à défaut, par le juge de paix du canton.

Les réclamations qui pourraient être dirigées contre les tiers, en vertu de l'art. 13 de la présente loi, seront portées devant le conseil des prud'hommes ou devant le juge de paix du lieu de leur domicile.

19. Dans les divers cas de résolution prévus en la section IV du titre 1er, les indemnités ou les restitutions qui pourraient êtres dues à l'une ou à l'autre des parties seront, à défaut de stipulations expresses, réglées par le conseil des prud'hommes, ou par le juge de paix dans les cantons qui ne ressortissent point à la juridiction d'un conseil de prud'hommes.

20. Toute contravention aux art. 4, 5, 6, 9 et 10 de la présente loi, sera poursuivie devant le tribunal de police, et punie d'une amende de cinq à quinze francs. Pour les contraventions aux art. 4, 5, 9 et 10, le tribunal de police pourra, dans le cas de récidive, prononcer, outre l'amende, un emprisonnement d'un à cinq jours.

En cas de récidive, la contravention à l'art. 6 sera poursuivie devant les tribunaux correctionnels, et punie d'un emprisonnement de quinze jours à trois mois, sans préjudice d'une amende qui pourra s'élever de cinquante francs à trois cents francs.

21. Les dispositions de l'art. 463 du Code pénal sont applicables aux faits prévus par la présente loi.

22. Sont abrogés les art. 9, 10 et 11 de la loi du 22 germinal an II.

Délibéré en séance publique, à Paris, les 22 janvier, 3 et 22 février 1851.

EXTRAIT DE L'ARRÊTÉ DU 9 FRIMAIRE AN XI,

(1er décembre 1803.)

Disposition relative à l'obligation imposée à tout garçon charcutier d'avertir son maître huit jours avant sa sortie.

Art. 14. Aucun garçon charcutier ne pourra quitter le maître chez lequel il travaille, sans l'avoir averti au moins huit jours à l'avance; le maître devra lui en donner un certificat. En cas de refus, le garçon charcutier se retirera devant le commissaire de police, qui recevra sa déclaration. S'il survient des difficultés, le commissaire de police statuera, sauf le recours au préfet de police, s'il y a lieu.

COALITIONS.

Ouvriers. — Patrons. — Code pénal. — Modifications.
(Loi du 25-27 mai 1864.)

Art. 1er. Les articles 414, 415 et 416 du Code pénal sont abrogés ; ils sont remplacés par les articles suivants :

Art. 414. Sera puni d'un emprisonnement de six jours à trois ans, et d'une amende de 16 fr. à 300 fr., ou l'une de ces deux peines seulement, quiconque, à l'aide de violences, voies de fait, menaces ou manœuvres frauduleuses, aura amené ou maintenu, tenté d'amener ou de maintenir une cessation concertée de travail, dans le but de forcer la hausse ou la baisse des salaires, ou de porter atteinte au libre exercice de l'industrie ou du travail.

Art. 415. Lorsque les faits punis par l'article précédent auront été commis par suite d'un plan concerté, les coupables pourront être mis, par l'arrêt ou le jugement, sous la surveillance de la haute police pendant deux ans au moins et cinq ans au plus.

Art. 416. Seront punis d'un emprisonnement de six jours à trois mois et une amende de 16 fr. à 300 fr., ou de l'une de ces deux peines seulement, tous ouvriers, patrons et entrepreneurs d'ouvrages qui à l'aide d'amendes, défenses, prescriptions, interdictions prononcées par suite d'un plan concerté, auront porté atteinte au libre exercice de l'industrie ou du travail.

Art. 11. Les articles 414, 415 et 416 ci-dessus sont applicables aux propriétaires et fermiers, ainsi qu'aux moissonneurs, domestiques et ouvriers de la campagne.

Les articles 19 et 20 du titre II de la loi des 28 septembre et 6 octobre 1791 sont abrogés.

Exécution de la loi du 4 juin 1837.
(Extrait de l'ordonnance du 16 juin 1839.)

Art. 1er. A dater du 1e janvier 1840, les poids, mesures et instruments de pesage et de mesurage ne seront reçus à la vérification première qu'autant qu'ils réuniront les conditions d'admission indiquées dans les tableaux annexés à la présente ordonnance.

II. Les poids, mesures et instruments de pesage portant la marque de vérification première, et qui réuniront d'ailleurs les conditions exigées jusqu'ici seront admis à la vérification périodique, savoir :

Les mesures décimales de longueur, après qu'on aura fait disparaître les divisions et les noms relatifs aux anciennes dénominations ;

Les mesures décimales pour les matières sèches, quelle que soit l'espèce de bois dont elles seront construites ;

Les mesures décimales en étain, quel que soit leur poids ;

Les poids décimaux en fer et en cuivre, quelle que soit leur forme, après qu'on aura fait disparaître l'indication relative aux anciennes dénominations, et pourvu qu'ils portent sur la surface supérieure les noms qui leur sont propres ;

Les poids décimaux en fer et en cuivre, portant uniquement leurs noms exprimés en myriagrammes, kilogrammes, hectogrammes ou décagrammes ;

Enfin, les romaines, dont on aura fait disparaître les anciennes divisions et dénominations, pourvu qu'elles soient graduées en divisions décimales et reconnues oscillantes.

Les poids et mesures décimaux placés dans une des catégories qui précèdent, ne pourront être conservés par les assujettis qu'autant qu'ils auront subi, avant l'époque de la vérification périodique de l'année 1840, les modifications exigées. Ces poids et mesures pourront être rajustés, mais ils ne devront pas être remontés à neuf.

III. Tous les poids et mesures autres que ceux qui sont provisoirement permis par l'article 2 de la présente ordonnance, seront mis hors de service à partir du 1er janvier 1840.

Il sera déposé dans les bureaux de vérification, des modèles ou des dessins des poids et mesures légalement autorisés, pour être communiqués à tous ceux qui voudront en prendre connaissance,

INSTRUCTIONS ET TABLEAU ANNEXES A L'ORDONNANCE.

Poids en fer.

Les poids devront être construits en fonte de fer, leurs noms sont indiqués ci-après, ainsi que la dénomination abréviative qui devra être inscrite sur chacun d'eux en caractères lisibles.

Les poids en fer de cinquante et vingt kilogrammes devront être établis en forme de pyramide tronquée, arrondie sur les angles et ayant pour base un parallélogramme.

Les autres poids en fer, depuis celui de dix kilogrammes jusqu'au demi-hectogramme inclusivement devront être établis en forme de pyramide tronquée, ayant pour base un hexagone régulier.

Les anneaux dont les poids sont garnis devront être placés de manière à ne pas dépasser l'arrête des poids.

Chaque anneau devra être en fer forgé rond et soudé à chaud.

Chaque anneau, attaché par un lacet, devra entrer sans difficulté dans la rainure pratiquée sur le poids pour le recevoir.

Chaque lacet devra être en fer forgé et construit solidement, tant au sommet qui embrasse l'anneau qu'aux extrémités de ses branches, lesquelles doivent être rabattues et enroulées par dessous, pour retenir le plomb nécessaire à l'ajustage.

Les poids en fer ne doivent présenter à leur surface ni bavures, ni soufflures, et la fonte ne doit être ni aigre, ni cassante.

Chaque poids doit être garni aux extrémités du lacet, d'une quantité suffisante de plomb coulé d'un seul jet, destiné à recevoir les empreintes des poinçons de vérification première et périodique, ainsi que la marque du fabricant qui doit y être apposée.

Poids en cuivre.

Les poids en cuivre sont indiqués ci-après, ainsi que la dénomination qui devra être inscrite sur chacun d'eux.

La forme des poids en cuivre, depuis et compris celui de vingt kilogrammes jusqu'au gramme, sera celle d'un cylindre surmonté d'un bouton. La hauteur du cylindre sera égale à son diamètre pour tous les poids, jusqu'à celui de cinq grammes inclusivement; la hauteur de chaque bouton sera égale à la moitié du diamètre du cylindre qui le supporte. Ces dispositions ne seront pas applicables aux poids d'un et de deux grammes, qui auront le diamètre plus fort que la hauteur.

Les poids, depuis et compris le cinq décigrammes jusqu'au milligramme, se feront avec des lames de laiton mince coupées carrément.

Les poids en cuivre cylindriques et à bouton pourront être massifs ou contenir, dans leur intérieur, une certaine quantité de plomb, mais ils devront toujours présenter le même volume. Ces poids peuvent être faits d'un seul jet, ou formés de deux pièces seulement, savoir, le cylindre et le bouton ; mais, dans ce dernier cas, le bouton devra être monté à vis sur le corps du poids et fixé invariablement par une cheville ou petite vis à fleur de la surface. Cette cheville sera en cuivre rouge, afin de la distinguer facilement.

On pourra aussi construire des poids en cuivre d'un kilogramme ou d'un des sous-multiples, dans la forme de gobelets coniques qui s'empilent les uns sur les autres, et se trouvent ainsi renfermés dans une boîte qui est elle-même un poids légal.

La surface des poids en cuivre devra être nette et ne laisser apercevoir aucun corps étranger qu'on aurait chassé dans le cuivre, ni aucune soufflure qui permettrait d'en introduire.

Les dénominations seront inscrites en creux et en caractères lisibles sur la surface supérieure des poids. Chaque poids devra porter le nom ou la marque du fabricant.

Les instruments de pesage sont :

1° Les balances à bras égaux ;

2° Les balances bascules ,

3° Les romaines.

Les balances à bras égaux, désignées sous le nom de balances de magasin ou de comptoir, devront être solidement établies. Les fléaux devront être plus larges qu'épais, principalement au centre occupé par les couteaux ou pivots qui les traversent perpendiculairement, et dont les arrêtes devront former une ligne droite. Les points extrêmes de suspension devront être placés à égale distance de ces couteaux. Les fléaux ne doivent pas vaciller dans les chapes.

Les balances devront être oscillantes. Leur sensibilité demeure fixée à un deux-millième du poids d'une portée.

Tout instrument de pesage devra porter le nom et la marque du fabricant.

NOMS des poids.	POIDS	
	de fer.	de cuivre.
50 kilogr.	50 kilogrammes.	» kilogrammes.
20 —	20 —	20 —
10 —	10 —	10 —
5 —	5 —	5 —
Double kilogramme.	2 —	2 —
Kilogramme.	1 —	1 —
Demi-kilogr.	5 hectogrammes.	500 grammes.
Double hect.	2 —	200 —
Hectogramme.	1 —	100 —
Demi-hectogr.	1/2 —	50 —
Double décagr.		20 —
Décagramme.		10 —
Demi-décagr.		5 —

Statuts et délibérations réglementaires.

12 et 19 septembre 1834.

Règlement et régime intérieur du commerce de la charcuterie.

Les soussignés, tous marchands charcutiers de la ville de Paris ;

Après avoir entendu de nouveau la lecture du règlement intitulé : *Nouveau régime intérieur du commerce de la charcuterie*, arrêté à Paris, le vingt-sept octobre mil huit cent vingt-six, par des mandataires constitués à cet effet,

Et de plusieurs délibérations qui ont suivi et modifié ce règlement;

« Considérant que quelques dispositions du règlement du vingt-six octobre mil huit cent vingt-six sont tombées en désuétude ;

« Que plusieurs n'ont pu être appliquées ;

« Et que d'autres sont devenues d'une exécution très-difficile ;

« Que les modifications apportées à celles restées en vigueur sont disséminées dans diverses délibérations, qu'il importe d'en opérer la fusion avec le règlement et de faire du tout un seul corps d'articles ;

« Considérant surtout que le règlement du vingt-sept octobre mil huit cent vingt-six n'est plus obligatoire que pour un petit nombre de ceux qui l'ont signé ou consenti, attendu le décès ou la cession de commerce des autres ;

« Et convaincus de l'indispensable nécessité d'un bureau, point central où viendraient se réunir tous les intérêts du commerce ;

« Et de mandataires élus et choisis par eux, dont la mission serait de représenter le commerce de la charcuterie dans toutes les circonstances où il pourrait être intéressé, particulièrement près des autorités administratives, pour défendre ses droits, faire et suivre toutes les réclamations nécessaires, réunir et produire tous les documents propres à éclairer l'administration et amener des décisions avantageuses au commerce, et enfin, agir pour le plus grand intérêt de la société ;

« Ont résolu, en conservant le principe de la société formée entre eux depuis longues années, d'en resserrer les nœuds par un nouveau règlement qui renfermerait les modifications dont l'expérience a démontré la nécessité, et qui serait à l'avenir obligatoire pour tous. »

A cet effet, ils ont, d'un commun accord, arrêté le règlement suivant :

Art. Ier. Les marchands charcutiers de la ville de Paris soussignés, seront représentés par des mandataires généraux et spéciaux et par des mandataires d'arrondissement.

II. Les mandataires généraux et spéciaux, au nombre de trois, sont élus par les mandataires d'arrondissement.

Ces derniers sont en nombre égal à celui des arrondissements municipaux.

III. Les élections des mandataires généraux et spéciaux et des mandataires d'arrondissement auront lieu *chaque année* dans la *seconde semaine de Carême*.

IV. La durée des fonctions des uns et des autres est de *trois ans* ; leur renouvellement se fait par *tiers*, suivant l'ordre de série adopté et servi jusqu'à ce jour.

Ce renouvellement se fait en commençant par les mandataires généraux et spéciaux.

V. Pour être éligible, il faut avoir exercé pendant *quatre ans*, et sans reproche, la profession de charcutier à Paris.

VI. Les élections se font en assemblée générale des mandataires d'arrondissement, sur convocation par les trois mandataires généraux.

VII. Les trois derniers mandataires généraux et spéciaux en fonctions sont de droit mandataires généraux et spéciaux honoraires ; ils sont remplacés successivement, à mesure que les mandataires qui leur ont succédé cessent leurs fonctions pour devenir honoraires.

Les membres honoraires ont voix délibérative dans les assemblées générales, excepté seulement pour l'élection des mandataires généraux et spéciaux, et lorsqu'il s'agit de l'apurement et approbation des comptes par eux rendus.

VIII. Si l'un des mandataires, soit généraux et spéciaux, soit d'arrondissement, vient à décéder, donner sa démission ou se retirer du commerce pendant la durée de ses fonctions, il sera immédiatement pourvu à son remplacement par la voie de l'élection, conformément aux dispositions des articles 2 et 5 qui précèdent; mais le nouveau mandataire élu, soit général et spécial, soit d'arrondissement, ne remplira les fonctions de sa charge que pendant le temps qui restera à courir au mandataire remplacé.

Toutefois cette élection par intérim ne sera pas un obstacle à la réélection immédiate comme mandataire général et spécial.

IX. Les mandataires généraux et spéciaux ne peuvent être réélus qu'après un intervalle de deux ans.

Les mandataires d'arrondissement sont immédiatement rééligibles.

X. Les mandataires généraux et spéciaux sont tenus de se réunir à leur bureau au moins une fois par semaine et à un jour non férié, pour s'occuper des intérêts du commerce.

XI. Ils sont en outre chargés spécialement :

1° De fournir à l'autorité tous les renseignements qui seraient demandés ;

2° D'accompagner les délégués de l'autorité dans les visites et opérations quelconques qui seraient ordonnées ou requises

3° De représenter le commerce auprès de l'administration et de toutes commissions nommées par elle, défendre les intérêts de la société, faire toutes les observations et réclamations, produire tous documents ; en un mot, agir suivant la circonstance, dans le plus grand avantage de la société, dont ils sont les représentants;

4° De recevoir les plaintes et entendre les explications sur les différends qui pourraient exister entre confrères, et d'employer tous leurs moyens et réunir tous leurs efforts pour amener une conciliation. Leur mission et leur juridiction sont, à cet égard, celles d'un conseil de famille et d'un tribunal tout paternel (1) ;

5° De gérer et administrer toutes les affaires de la Société ;

XII. Les mandataires généraux et spéciaux, lorsque les intérêts du commerce et les circonstances l'exigent, convoquent en assemblée générale les mandataires généraux et spéciaux honoraires et les mandataires d'arrondissement, en leur indiquant l'objet de la convocation. Tout mandataire régulièrement convoqué qui ne serait pas présent aux assemblées au moment assigné, sera passible d'une amende de 2 fr. par chaque absence, à moins qu'il n'ait donné avis préalable par écrit ou justifié d'une cause légitime d'empêchement.

XIII. Les délibérations prises dans lesdites assemblées ne seront valables que lorsqu'elles auront été signées par la majorité des membres présents.

XIV. Les membres de l'assemblée ne pourront s'occuper d'un autre objet que de celui de la convocation. Toute délibération prise sur un autre point que celui annoncé dans les lettres de convocation, sera nulle de plein droit.

XV. La police, pour le maintien de l'ordre et du calme dans les discussions, est confiée aux mandataires généraux et spéciaux, qui auront le droit de rappeler à la question, le membre qui s'en écarterait, de prononcer le rappel à l'ordre, et même de retirer la parole au membre qui franchirait pour la seconde fois les bornes de la convenance qui doit régner dans les discussions. En toute circonstance, l'assemblée est présidée par le mandataire général *comptable*.

XVI. Les dépenses de loyer, de contributions, de frais de bureau, de rédaction, d'impression et reliure de l'*Almanach*,

---

(1) Par application de ce paragraphe, l'usage s'est établi de recevoir les plaintes, soit des patrons ou des garçons, et de statuer sur ces plaintes par voie disciplinaire.

seront faites et acquittées sans autorisation spéciale par les mandataires généraux et spéciaux.

Il en sera de même de toutes les dépenses de *pure administration*, des services des abattoirs.

— Les recettes de toute nature seront opérées par les soins des mandataires généraux et spéciaux.

XVII. Les fonds qui n'auraient pas d'emploi seront placés, au nom de la société, d'après l'avis des mandataires généraux et spéciaux en fonctions, ceux honoraires et des mandataires d'arrondissement, réunis en assemblée générale, suivant le mode tracé par la majorité des membres présents, et par les soins du mandataire général et spécial comptable, en présence de ses deux collègues.

Tous les revenus des sommes appartenant à la société, seront perçus par lui.

XVIII. Aucuns fonds placés ne pourront être retirés qu'en vertu d'une délibération prise en assemblée générale, à la majorité absolue des trois quarts des membres appelés à composer l'assemblée, conformément à l'art. 12. Il en sera de même en cas de conversion ou d'aliénation des rentes inscrites au nom de la société, ainsi que de tout emprunt à faire dans l'intérêt de la société.

XIX. Le plus ancien mandataire général et spécial est comptable pendant la *dernière année de ses fonctions*. En cas de *démission*, il est de droit remplacé, par intérim, par le mandataire général le plus ancien.

Le mandataire général *comptable* doit communiquer à ses deux collègues l'état de la situation de la caisse, au moins une fois par trimestre. Cette communication sera constatée par le visa de ces derniers sur le livre de caisse.

Il rend compte de sa gestion dans la quinzaine qui précède l'expiration de ses fonctions.

Trois commissaires élus à cet effet par les mandataires d'arrondissement, et pris dans leur sein, sont chargés d'en faire la vérification et de faire leur rapport à l'expiration de la *première huitaine*.

Pendant la *seconde huitaine*, le résumé des comptes sera affiché dans le bureau où chacun des soussignés pourra en prendre connaissance ;

Et ce n'est qu'à l'expiration de cette *seconde huitaine* que les comptes pourront être arrêtés en *assemblée générale*.

XX. Il sera ouvert deux registres, qui devront être tenus régulièrement :

L'un pour toutes les recettes et dépenses concernant la société,

Et l'autre pour les délibérations et les autorisations des assemblées générales.

XXI. Chacun des soussignés s'oblige formellement et d'honneur à l'exécution pleine, entière et sans réserve du présent règlement ;

Et celui qui, faute de l'exécuter, nécessiterait l'enregistrement et les formalités propres à le rendre exécutoire, en supportera seul tous les frais, ainsi que les tous soussignés s'y engagent chacun pour soi.

Le refus d'exécution résultera du fait de trois appels infructueux, dont deux à huit jours d'intervalle devant le bureau du commerce (les mandataires généraux et spéciaux), et le troisième huit jours après devant M. le juge de paix de l'arrondissement du récalcitrant.

XXII. Si l'enregistrement des présentes et leur dépôt devant notaire sont jugés nécessaires, tous pouvoirs sont donnés aux mandataires généraux et spéciaux en fonctions pour remplir ces formalités.

XXIII. Chacun ces soussignés s'engage d'honneur, lorsqu'il cédera son fonds de commerce, à faire tout son possible pour que son successeur adhère et se soumette au présent règlement ; aucun autre engagement ne résultera du présent contre les soussignés après leur cessation de commerce.

Fait et arrêté en assemblée générale, dans le local ordinaire des réunions du Tivoli d'hiver, dépendant d'une maison dite la Redoute, sise à Paris, rue de Grenelle-Saint-Honoré, n° 45, les douze et vingt-quatre septembre mil huit cent trente-quatre.

Suivent les signatures :

Délibération concernant les absences aux assemblées générales du bureau du commerce de la Charcuterie de Paris.

14 novembre 1834.

Par délibération prise en assemblée générale, renouvelée dans le courant de l'année 1856,

Il a été décidé à l'unanimité que MM. les mandataires généraux en fonctions, MM. les mandataires généraux honoraires et MM. les mandataires d'arrondissement qui ne seraient pas présents aux assemblées, ne préviendraient pas par écrit et ne justifieraient pas d'empêchement légitime, seront passibles d'une amende de 2 fr. par chaque absence. Le produit sera distribué aux pauvres de la communauté que l'âge, les infirmités ou des malheurs auraient mis dans le besoin.

Délibération relative à l'interprétation des art. 8 et 23 du règlement sur les fonctions du Comptable par intérim.

20 janvier 1844.

Par délibération prise en assemblée générale,

Il a été décidé à l'hunanimité « que, par interprétation

« des art. 8 et 23 du règlement, le plus ancien mandataire
« général en fonctions sera, en cas de démission de celui à
« qui la comptabilité était dévolue, *chargé de ladite compta-*
« *bilité* par intérim, *en remplacement du démissionnaire,*
« sans nullement préjudicier au droit qu'il tient du règle-
« ment d'être comptable pendant la dernière année de ses
« fonctions. »

Enfin, qu'en toute circonstance, la présidence du bureau sera dévolue à celui qui est chargé de la comptabilité.

TABLE DES MATIÈRES.

	Pages
Biographie	I
Préface	IX

PREMIÈRE PARTIE.

CHARCUTERIE ANCIENNE.

CHAPITRE I.

De l'art du charcutier chez les anciens peuples. — Comment il se transmit chez les Gaulois. — Adopté par les Francs, il fait partie de l'alimentation publique. — Premiers règlements de police qui concernent la profession de charcutier ou *chaircuitier*, en France.................................... 1

CHAPITRE II.

Règlements et Statuts concernant les *oyers* ou rôtisseurs. — Règlements et Statuts relatifs aux Pâtissiers. — De la Boucherie et de ses usages pendant le moyen âge. — Statistique de la viande de porc consommée à cette époque. — État de la charcuterie au moment où se forme la corporation, en 1475...... 11

CHAPITRE III.

De l'origine de la corporation des charcutiers, en 1475. — Statuts de cette communauté. — Modifications qui y ont été apportées. — Différends survenus entre les bouchers et autres corporations rivales. — Noms des charcutiers en renom pendant cette époque. — Réformes apportées dans le sens de la liberté de cette profession 21

CHAPITRE IV.

Des langayeurs, tueurs, jurés vendeurs et visiteurs des porcs. — Contestations qui s'élevèrent entre eux et les charcutiers. — Règlements intervenus à ce sujet. — Affranchissement successif du commerce de la Charcuterie. — Statuts réformés de la corporation des Charcutiers. — Procès qu'ils eurent à soutenir avec la communauté des Cabaretiers et autres. — Différends élevés au sein de la corporation.................................. 27

CHAPITRE V.

Les Statuts réformés de la corporation des Charcutiers. — Approvisionnement de Paris au xviii® siècle. — Usages, mœurs et coutumes de ses habitants. — Situation du commerce de la charcuterie à cette époque. — Transformation que ce commerce éprouva à la révolution de 1789. — Coup-d'œil rétrospectif sur cette première partie de l'histoire de la charcuterie.......... 37

CHAPITRE VI.

Juridiction de la corporation des maîtres-charcutiers de la ville de Paris. — Ce qu'on appelait fenestres, boutiques et ouvroirs. — Enseignes des marchands avant la révolution de 1789. — Origine de l'enseigne de *l'Homme de la roche de Lyon*. — Réflexions sur cette dernière partie de l'histoire ancienne de la charcuterie..................................... 45

DEUXIÈME PARTIE.

CHARCUTERIE MODERNE.

Préliminaires.. 55

PREMIÈRE DIVISION.

De l'élevage du porc en général et de ses diverses espèces.

CHAPITRE I.

Le porc considéré dans son origine et dans ses rapports avec l'alimentation. 63

CHAPITRE II.

De la production des porcs dans ses rapports avec l'approvisionnement. — Marchés et consommation. — Manière d'élever, de nourrir et engraisser les cochons. — Résultats obtenus sous l'ancien et le nouveau régime... 77

CHAPITRE III.

De l'engraissement du cochon.—Législation concernant les porcs. —Statistique de l'ancienne production de la viande de charcuterie comparée à la production moderne. — Considérations générales sur l'approvisionnement de la viande de boucherie. —Tableaux comparatifs ayant rapport à l'élevage des porcs et à l'alimentation publique.. 89

DEUXIÈME DIVISION.

De la charcuterie proprement dite.

CHAPITRE I.

Du saignement du porc et de son dépeçage. — Manière de disposer ses différentes parties. — Divers procédés pour le saler et le conserver. — Préparations du cochon de lait............ 99

CHAPITRE II.

Des diverses parties du cochon. — Quelle est leur préparation dans la charcuterie moderne. — Comment les anciens les utilisaient. — Procédés actuels. — Machines à hacher les viandes.. 109

CHAPITRE III.

Divers produits de la charcuterie moderne. — Chair à saucisses. — Saucisses et saucissons divers. — Boudins noirs et blancs. — Diverses espèces de jambons. — Jambonneaux et jambons de sanglier.. 117

CHAPITRE IV.

Des galantines. — Du bœuf fumé et hures. — Des fromages de viande et autres préparations, en ce genre, de la charcuterie moderne.. 149

CHAPITRE V.

Pages

Préparation des langues dans la charcuterie.—De la pâte truffée. — Des pieds de cochon et des diverses manières de les accommoder. — Des andouillettes et du petit salé. — Différentes préparations des côtelettes. — De la cervelle du porc, de la gelée clarifiée et du jus. — Glaçage des viandes............... 165

TROISIÈME DIVISION.

De la Charcuterie-cuisine.

Préliminaires... 181

I. Charcuterie-cuisine proprement dite.

CHAPITRE I.

Les sauces. — Glacée de viande. — Roux pour la sauce piquante. — Sauce au beurre à la maître-d'hôtel. — Sauce à la remoulade. — Sauce poivrade à la venaison. — Sauce mayonnaise. — Sauce aux tomates. — Jus pour remplir les terrines et les pâtés. — Farce pour pâté et terrine de foies gras de Strasbourg. — Emploi du foie gras cru. — Sauce aux truffes ou à la Périgueux... 191

CHAPITRE II.

Côtelettes de porc frais. — Carré de cochon. — Échinée de cochon à la broche. — Manière de truffer les volatiles. — Oreilles de cochon à la Lyonnaise. — Cuisson de jambon de Mayence. — Chou farci. — Essence de jambon. — Truffage du gibier de plume.. 199

CHAPITRE III.

Petit-salé à la purée. — Saucisses grillées en garniture ou au vin blanc. — Boudins ordinaires grillés. — Manière de piquer ou larder. — Méthode pour mariner le sanglier. — Filets mignons de porc frais. — Cochon de lait rôti. — Cochon de lait farci ou en galantine. — Foie de cochon à la poêle. — Rognons sautés à la casserole. — Côtelettes de sanglier à la marinade. — Filet de sanglier Maréchal.................................... 205

II. *De la pâtisserie dans ses rapports avec la charcuterie.*

	Pages
Préliminaires....................................	217
Détails sur la pâtisserie moderne..................	222

III. *Des conserves et de la fabrication des terrines*........ 241

Différentes sortes de conserves......................	242
Confection des terrines.............................	243

IV. *Ornements, socles et ustensiles de charcuterie*

Socles et ornements................................	251
Ustensiles de charcuterie...........................	254
Machines à hacher les viandes.......................	265
Règlements et ordonnances concernant le commerce de la charcuterie de Paris..................................	273
Table des matières.................................	353
Table analytique...................................	359

TABLE ANALYTIQUE.

A.

	Pages.
ANDOUILLE marinée et fumée............................	170
ANDOUILLES ; leur ancienne fabrication............... 109	113
— Manière de les faire cuire.......................	114
— Méthode moderne de les fabriquer............	114
ANDOUILLETTES de Paris...................................	169
— de Vire à la fraise de veau................	170
— truffée..	171
ASSIETTE assortie..	170
AXONGE...	183

B.

BARDES. — De leur emploi dans la charcuterie.............	171
BEURRE (du) dans la charcuterie...............................	183
BIOGRAPHIE de Dronne...	I
BOUCHERS. — Leur origine...	6

	Pages.
Boudin. — Procédé ancien de sa fabrication, 107. — Diverses espèces de boudins, 107 et 108. — Sa fabrication moderne............ 108	109
— noir de table et de Nancy............	132
— de brasse ordinaire............	136
— à la Richelieu............	136
— blanc de volaille à la parisienne............	139
— du Mans............	140
— ordinaire grillé............	184
Boeuf fumé de Hambourg............	154
— rôti ou rosbif............	157
— piqué ou en daube............	457
Bouillon du petit-salé............	172
Bouquet garni............	118
Brulage du porc............ 98	99
Bureau du Commerce de la charcuterie de Paris............	58

C.

Carré de cochon braisé et glacé aux truffes et au jambon.....	200
Cervelas. — Son origine............	72
— Son ancienne fabrication............	112
— Sa fabrication moderne............	120
Cervelle de porc en papillotte............	175
Chair à saucisses, 71. — Son emploi dans la charcuterie moderne............	117
— Ses divers emplois............	189
Charcuterie moderne............	55
— -cuisine............	181
Charcutiers. — Leur origine............	4
— Ils forment une corporation............	11
— Leurs statuts primitifs............	19
— Réforme de ces statuts............	25
— Leurs contestations avec les langoyeurs et tueurs de porcs............	29
— Leurs différends avec les pâtissiers........	32
— Obligations qui leur sont imposées par l'autorité............	33

	Pages.
CHARCUTIERS. — Comment on les définissait pendant le moyen âge............................ 55	56
— forains...........................	34
— — Ordonnances les concernant...... 34	35
— — Condamnations qu'ils encouraient....	35
CHIPPOLATA...................................	179
CHOUX farci à la chair à saucisses..................	203
COCHON de lait. — Manière de le tuer et de le disposer.......	102
— farci ou en galantine.....................	209
— rôti.............................	208
CONDIMENTS (des).............................	183
CONSERVES (des)...............................	241
— de truffes............................	242
— de foie gras truffé......................	242
— de gibier............................	142
— de lièvre, faisan et chevreuil..............	243
CONSOMMATION de viande de porc, à Paris................	59
— de charcuterie, par tête d'habitant, en France.	102
CORNICHONS. — Leur emploi dans la charcuterie...........	184
COTELETTE de pré salé, truffée.....................	172
— de chevreuil, truffée....................	173
— de porc, à la sauce piquante...............	173
— au naturel.........................	174
— de porc, grillée......................	174
— au beurre.........................	174
— de porc, en papillotte...................	175
— de porc frais........................	199
— de sanglier, à la marinade................	

D.

DÉCORS à la gelée.............................	253
DÉPARTEMENTS producteurs de porcs..................	91
DÉPEÇAGE du porc............................	99

E.

ÉCAFLOTTES.................................	98

	Pages
Échaudage du porc	99
Échaudoirs pour les porcs	58
Échinée de cochon à la broche	200
Engraissement du porc	82
— Ses frais	83
— Son poids après l'engraissement	84
— Comment s'opère-t-il ?	87
Essence de jambon	203

F.

Farce de chair, truffée	166
— pour pâté et terrine de foie gras de Strasbourg	212
Feuilletage (du)	225
Filets mignons de porc frais	208
— de cochon, à la poêle	210
— de sanglier, Maréchal	211
Foie de cochon, à la poêle	210
— gras cru, — son emploi	213
Fromage de cochon	162
— d'Italie ou pâté de foie	162

G.

Galantine. — Son ancienne fabrication	149
— de volailles, en daube	150
— de veau farci	153
— de faisan ou de perdreau	153
Gelée clarifiée	176
Glaçage	177
Glacée de viande	192
Graisse ou *ratis*	172

H.

Hachage de la viande, pratiqué anciennement	114
Hachis de porc. — Ce qu'entendaient les anciens par ce mot	111

	Pages.
Hattellets (des)...	253
Homme (l') de la Roche de Lyon, légende.................	48
Hure de sanglier, anciennement préparée.................	110
— truffée...	161
— de sanglier, préparée par l'art moderne...............	161
— de Troyes, aux pistaches..............................	158

I.

Inspecteurs-Controleurs des porcs...........................	30
— Droits qu'ils percevaient..	31

J.

Jambon. — Manière de le saler pour le conserver...........	104
— Méthode pratiquée en Espagne.................	105
— blanc de Paris.....................................	143
— de Reims..	143
— de Lorraine.......................................	144
— de Bayonne...................................... 144	145
— d'York..	145
— allemand ou de Hambourg.......................	145
— de Fougères......................................	146
— de sanglier.......................................	146
— de marcassin.....................................	147
Jambonneau..	144
Jus pour remplir les terrines et les pâtés..................	176
— pour mouiller les sauces................................	195

L.

Langue de bœuf fumée à l'écarlatte........................	165
— de Troyes..	166
Langoyeurs et tueurs de porcs (des)........................	27
— Leurs contestations avec les charcutiers.........	29
Lard. — Sa qualité..	72
— Manière de le conserver.......................... 104	105

	Pages.
Législation concernant les porcs...............................	89
Lyon. — Sa consommation de charcuterie par habitant......	102

M.

Machines à hacher les viandes................................	265
Maniements des porcs..	83
Manière de truffer les volailles..............................	201
Marché des Prouvaires, réservé aux charcutiers.............	58
— principaux destinés aux cochons.....................	85
— Détails sur ces marchés............................	91
Méthode pour mariner le sanglier...........................	207
— pour faire rôtir les jambons de Mayence, de Bayonne et d'York..	205
Metz. — Consommation de charcuterie, par habitant........	102
Mortadelle. — Sa fabrication moderne.....................	121
— de Bologne.......................................	132

N.

Nantes. — Consommation de charcuterie, par chaque habitant..	102
Noix de veau. — Son emploi dans la charcuterie............	201

O.

Oreilles de cochon à la lyonnaise............................	202
Ornements de charcuterie..................................	251
Ouvroirs. — Ce qu'on entendait par ce mot................	47
Oyers. — Leurs statuts.....................................	7

P.

Panne (de la)..	72
Pate (de la) à dresser les pâtés froids.......................	222

	Pages.
PATÉS de porc. — Ce qu'on appelait de ce nom anciennement.	111
— de foie gras de Strasbourg, en croûte............	222
— de volailles truffée, en croûte................	229
— de perdreau, en croûte......................	230
— de faisan, en croûte........................	230
— de bécasse et de bécassine..................	233
— de canard d'Amiens, en croûte..............	234
— de veau et de jambon......................	234
— de poisson, en croûte......................	237
PATISSERIE (de la)................................	217
PATISSIERS. — Règlements qui les concernaient......	11
— Leurs contestations avec les charcutiers......	32
PETIT-SALÉ chaud du matin,.........................	171
— à la purée.................................	205
PIEDS farcis truffés...............................	168
— farcis aux pistaches........................	168
— à la Sainte-Menehould, — leur préparation et leur cuisson,	166
— de porc à la Choisy.........................	168
PIMENT et son emploi.............................	184
POIVRE. — Son emploi dans la charcuterie...........	184
PORC. — Son ancienne importance alimentaire.......	3
— Quantité de sa viande consommée............	16
— Il est en très-grande estime chez les Romains......	18
— Son poids moyen avant 1789, — consommation qui s'en faisait à cette époque	51 et *seq.*
— Ses diverses parties........................	71
— Ses différentes races......................	61 et *seq.*
— Race d'Essex............................. 67	71
— De son élevage............................	82
— Sa division en viande nette.................	92
— Diverses manières de disposer ses parties après l'avoir tué.....................................	103
— de New-Leicester..........................	75
PRÉPARATION du lard à piquer.....................	190

Q.

QUATRE-ÉPICES. — De quoi elles se composent.......... 117	118

R.

Races des porcs qui se trouvent en France............	77	78
— Race primitive...............................	79	80
— Qualité des races françaises comparées aux races étrangères..	80 et	seq.
Règlements et ordonnnances modernes concernant la charcuterie...		273
Rillettes de Tours et du Mans......................		177
Rillons..		177
Rognons sautés à la casserole.....................		210
Roux pour la sauce piquante.......................		192

S.

Saignement du porc...............................	97 et	seq.
Saindoux. — Sa provenance........................		72
Salage du porc....................................		100
— Diverses méthodes de salage..........	101	102
— Méthode pratiquée en Allemagne.............		103
Sanglier. — Comment on le préparait anciennement........		109
— Comment on le prépare en charcuterie........		109
Sandwichs...		179
Sauces (des).......................................		191
— au beurre et à la maître-d'hôtel.................		193
— à la remoulade................................		193
— poivrade à la vinaison........................		194
— mayonnaise...................................		194
— aux tomates..................................		195
— aux truffes ou à la Périgueux.................		196
— grillée en garniture...........................		205
Saucisse de Francfort. — Manière de la fumer............		126
— fumée. — D'où elle provient....................		72
— Ancienne méthode de les fabriquer..............		109
— Elles sont servies sur la table des rois............		109
— allemandes et fumées.........................		119
— plates et longues.............................		118
Saucisson de Lyon................................	171	123
— de Bologne....................................		132
— de Paris.......................................		72
— Son ancienne fabrication.......................		110

		Pages.
—	de Brunswick................................	131
—	ordinaire.....................................	120
—	d'Arles.......................................	125
—	impérial......................................	122
—	de foie gras et aux truffes,.................	122
—	de Strasbourg.......................... 125	126
—	de Lorraine..................................	124
—	aux truffes et aux pistaches.................	121
—	Manière d'opérer sa cuisson.................	122

SAUMURE (de la)... 184
SEL (du) dans la charcuterie............................... 133
SOCLE à galantine.. 251
STATISTIQUE de la consommation de viande de porc........... 93.

T.

TENUE de la cuisine d'un charcutier....................... 182
TERRINES (des) et de leur confection...................... 242
— de foie gras de Strasbourg.............................. 243
— de gibier... 244
— de volaille... 247
— de foie gras truffé à la parisienne,.................... 247
— de lièvre... 247
TOULOUSE. — Consommation de charcuterie, par chaque habitant... 102
TRUFFES. — Leur ancien emploi en cuisine................. 109
— De leur emploie dans la charcuterie moderne. 186 187

U.

USTENSILES de la charcuterie.............................. 254
— de la cuisine d'un charcutier........................... 257

V.

VEAU piqué et braisé...................................... 151
VIANDE (quantité de) consommée en France................. 77
VOLAILLE truffée.. 188

GRAVURES.

	Pages.
Bécasse.	235
Boite à pâté de foie gras	219
Boudins blancs du Mans	137
— de Nancy	133
Cervelas	119
Faisan	231
Galantine de faisan ou de perdreau	141
— de volaille	151
Hure de sanglier	159
Machines à hacher les viandes	255
Paté de foie gras	215
— de perdreau	223
Perdreau rouge	227
— gris	239

	Pages.
Porc de race limousine.............................	77
— de race mancelle.............................	69
— de race Middlesex-craonnaise	64
— de race périgourdine.........................	
Sanglier...	61
Saucissons entier, coupé et de Lyon................	125
— ordinaire et impérial......................	121
Terrine basse de foie gras aux truffes du Périgord...........	245
— haute de foie gras.......................	249

Typ. Charles de Mourgues frères, rue J.-J. Rousseau, 58. — 6226.

www.ingramcontent.com/pod-product-compliance
Lightning Source LLC
Chambersburg PA
CBHW050544170426
43201CB00011B/1552